西洋近代思想の呪縛を解く

「戦後レジーム」からの脱却を

革島 定雄

東京図書出版

西洋近代思想の呪縛を解く◎目次

1 はじめに

われわれはどこから来てどこへいくのか？
私たちは死んだらどうなるのか？
自分はなぜ今ここにいるのか？
人間存在の意味は何か？
パスカルはこういう質問に対する答えを求めて思索を続けた。
一方デカルトはこういった質問に無関心であった。
しかしスピノザやニュートンはこういう質問に対する答えを知っていた。
つまり汎神論である。

前著『世界は神秘に満ちている』において、馬渕睦夫と日下公人の共著『ようやく「日本の世紀」がやってきた』より馬渕の「近代化とはなにかというと、実はユダヤ化ということだった」という言葉を引用しましたが、科学史に限ってみてもこの指摘はまことに的を射たものであると言えます。というのは、自然哲学はコペルニクス、ガリレオ・ガリレイ、ヨハネス・ケプラー、ブレーズ・パスカル、アイザック・ニュートン、レオンハルト・オイラーらによって、(この世界に絶対のものが存在すると考える)汎神論《はんしんろん》の世界観に則《のっと》って順当に発達してきましたが、バークリー、ライプニッツ、ラプラス、マッハ、ポアンカレといった理神論者たちによって自然科学に相対主義が持ち込まれ、ついにはアインシュタインの相対性理論によって絶対空間や遠隔作用が否定されたことになったまま現在に至っています。しかし絶対空間が存在しなければニュートン力学が成り立たないことは、ニュートンやオイラーの説明で明らかであり、さらにはCMB静止座標系が観測されたことによって絶対空間の存在はすでに証明されているのです。それに大域的慣性系は実在し得ないのでその存在を前提とする相対性原理は成り立たず、従って特殊相対性理論も間違った理論でしかありません。また正しい重力理論は万有引力の法則であって、一般相対性理論ではありません。重力は瞬時に伝わる遠隔作用でなければならず、量子の世界にも量子もつれという遠隔作用が存在しています。マクロの物質もミクロの量子もこの世界のすべての存在は遠隔作用で繋がっており、この宇宙は「一《ひと》つらなり」なのです。この「一つらなりの宇宙」のことを古来日本やインドでは神や仏と呼んできました。ところがユダヤの神ヤハウェはこの世界を創造した創造神であり、従って被造物に過ぎないこの宇宙にヤハウェは居ないのです。そしてユダヤの教えでは、神はユダヤ人だけのものであり、ユダヤ人以外は人間ではなく家畜であるとされています。この世界に神はいないとするユダヤ教のような宗教は、神道のように神即《すなわち》自然とするような汎神論の思想の存在を許しません。なぜなら神即自然となれば「神はユダヤ人だけのものである」とする選民思想が否定されてしまうからです。相対主義によってこの世界から絶対のものを排除しようとする理神論こそが、ユダヤ思想つまり近代思想の正体だったのです。

2 相対論の呪縛

アイザック・ニュートン（1643－1727）が著した『プリンキピア　自然哲学の数学的諸原理』には向心力について次のように記述されています。

定義V　向心力《ウイス・ケントリペタ》とは、中心とするある一点に向かってあらゆる方向から、物体が引きよせられたり、押しやられたり、またはなんらかの形でそのほうに向かわされるところのものである。

この種の力は、諸物体を地球の中心に向かわせる重力とか、鉄を磁石に引きよせる磁気力とか、どのような性質のものであるにせよ、諸惑星が直線運動からたえず引きもどされ、曲線上を回転させられる力とかである。石投げ器でふりまわされている石は、それをまわしている手から遠ざかろうとし、そのコーナートゥス（引用者注：慣性力。ここでは遠心力のこと）によって、速くまわされるほど強く、石投げ器を張りひろげ、放たれたとたんにとび去ってしまう。このコーナートゥスと逆向きの、石投げ器が石をたえず手のほうに引きもどし、その軌道上に保たせる力を、軌道の中心である手のほうに向けさせるところから、向心力とわたくしは呼ぶのである。そして事情は、円上に動かされるあらゆる物体について同じである。それらはすべて軌道の中心から遠ざかろうと努め、そしてもしこのコーナートゥスと逆向きの、物体をその軌道にとらえとどめておく力、それゆえ向心力と呼ぶのであるが、それが存在しないとすると、物体は直線上を一様な運動をもって離れ去ってしまうであろう。投射体が、重力に作用されないとすると、地球のほうに曲がらず、一直線に空にとんでいってしまうであろう。そしてそれは、空気の抵抗がとり去られたとしたら、一様な運動でもって行なわれるであろう。投射体はその重力によって直線径路から引きもどされ、地球のほうにたえず曲げられるのであるが、その大小はそれの重力と運動の速度とに比例する。その物質量に比例する重力が小さいほど、または投げだされる速度が大きいほど、投射体は直線径路からそれることが少なく、遠くにまで達するであろう。ある山の頂上から火薬の力で水平方向に打ちだされた鉛のたまが、地上に落下するまでに、曲線に沿って2マイルの距離に

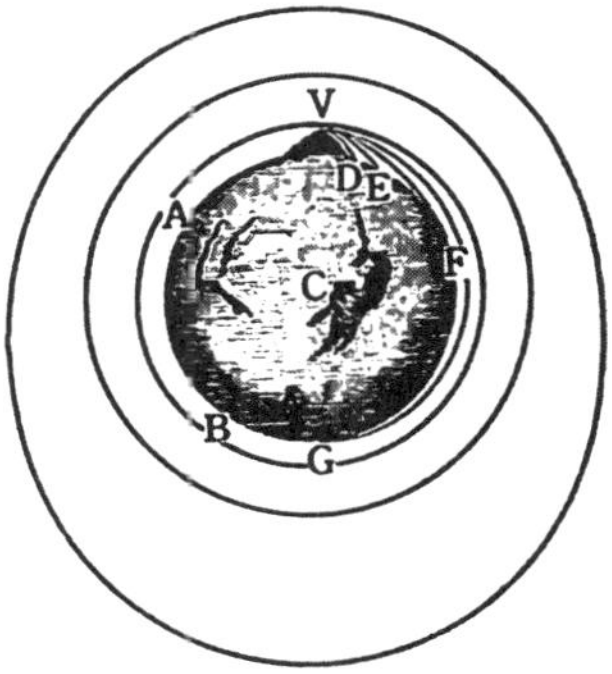

D・グレゴリーの1694年５月のメモランダムにある，ニュートンによるものとみられる図

達したとすると、それは、もし空気の抵抗が除かれるならば、２倍の速度でもっては約２倍遠くに達し、10倍の速度では約10倍遠くまで達するであろう。そして速度を増すことによって、思いのままに投射される距離を増すことができ、描かれる曲線の曲率を減らすことができよう。そして10度、30度、または90度の（角）距離に落下するように、あるいはまた地球全体をひとまわりするようにも、また最後には、（地球には帰ってこないで）天空中に進み入り、その前進運動によって無限遠にまで達するように、できるであろう。また投射体が重力によって軌道のほうに曲げられ地球全体をまわるようにできるのと同じ理由で、月もまた、それが重量をもっていさえすれば重力によって、あるいは（月を）地球のほうに押しやる何か別の力によって、直線径路からいつも地球に向かって引きもどし、その軌道のほうに向いているようにできる。そのような力がなければ、月はその軌道の上に維持されえない。この力は、あまりに小さすぎると、月を直線径路から十分には曲げないであろうし、大きすぎれば、曲げすぎて、月をその軌道から地球に向かって引きおろしてしまうであろう。いうまでもなくちょうどぴったりの大きさであることが要求される。そして、物体を与えられた任意の軌道に与えられた速度で正確に維持させうる力を見いだすこと、また逆に、与えられた任意の場所から与えられた速度で出発した物体が、与えられた力によって、曲げられたどらされる曲線径路を見いだすことは、数学者の仕事である。

このようにニュートンは高い山の頂上から水平方向に、ある速さ（実際には約7.9km/s）で鉛の弾《たま》を打ち出せば遠心力と重力が釣り合って弾を円軌道に乗せることができると述べています。つまりニュートンは、月が地球の周りを回っているのも、その周回によって生じる遠心力と地球の引力による向心力とが釣り合っている為であることを完全に理解していたのです。次にジャヤントV・ナーリカー著『重力』より引用します。

図5－2に示したように、太陽が消えた瞬間に、地球は太陽からの引力を感じなくなる。その結果、地球は通常の楕円軌道から外れて接線方向に走りだす。太陽からの光が地球に到達するのには、約八分かかるので、地球の太陽に面した側に住んでいる人は、消滅の瞬間から八分後に太陽が消えてしまうのを目にする（昼が夜になってしまう）だろう。太陽が消えてしまった場合、その地球に対する影響は、光によって伝わる前に、重力によって伝わってくるわけである。

このことは、一九〇五年にアインシュタインが唱えた〝特殊相対性理論〟と矛盾する。この理論によると、観測可能な影響が空間のある点から別の点に伝わる速さには上限がある。この上限は光の速さに等しい。だから、大きな距離を重力が瞬間的に伝わるということは、特殊相対性理論の基本的な主張と矛盾するわけである。特殊相対性理論をつくりあ

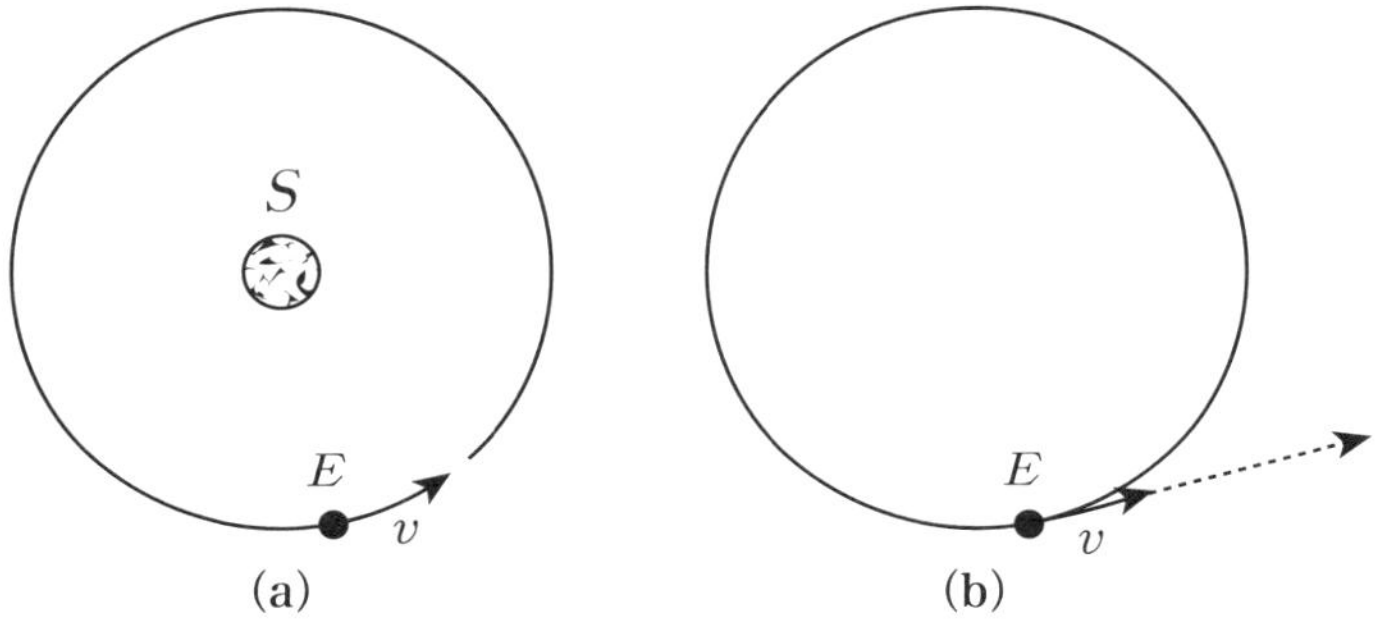

5-2. もし魔法によって太陽を消してしまったとしたら，地球は太陽の重力を受けなくなり，（楕）円軌道の接線方向に（公転）速度 v で飛び出す。

げたのち、アインシュタインが重力の法則を考えなおさざるをえなかった理由はここにある。

ここで、読者から次のような質問が出るかもしれない。「特殊相対性理論というのは、どういう理論なのか。二〇〇年以上にわたって確実と思われてきた重力の法則を変更しなければならないほど、その理論は重要なのか」。

重力を主題にしたこの本では、この興味ある、しかも、重要な問題を詳しく論じる余裕はない。以下に述べる簡単な議論で、われわれの目的には十分だが、それだけでは、特殊相対性理論が現代の物理学でもつ重要さを本当に伝えることはできないかもしれない。この理論が現代の物理学にもたらした革命は、アリストテレス流の中世の物理学にたいしてガリレオがひきおこした革命に匹敵するといってよいだろう。

特殊相対性理論は、絶対空間と絶対時間という基本

的な概念にたいして疑問をなげかける。（後略）

ナーリカーは特殊相対性理論が正しいことを前提にして、重力が瞬時に伝わるとするニュートン力学が変更されねばならないと言いたいわけです。しかしこれは決して科学的な態度ではありません。なぜなら特殊相対性理論が正しいという確たる証拠はなく、逆に正しくないという証拠はいくつもあるからです。特殊相対性理論を死守したい人（理神論者）たちはそれが正しいからではなく、どうしても絶対空間や遠隔作用を認めたくないために、それを否定してくれる特殊相対性理論や一般相対性理論を手放したくないだけなのです。しかし後に述べるように、絶対空間と絶対時間の存在、そして重力や量子もつれといった遠隔作用の存在はもはや否定しようがありません。従ってこれらを否定する特殊相対性理論はルネ・デカルト（１５９６－１６５０）の渦動説と同様に完全に間違った理論なのです。同書（『重力』）よりの引用をもう少し続けます。

ここまで議論してきた現象は、一般相対性理論を使っても、ニュートン理論の場合とほとんど同じように分析できる。われわれがニュートン理論を使ったのは、そのほうが直感的に理解しやすいからである。しかし、これから述べる現象は、弱い重力の効果ではあるが、一般相対性理論を使わないと説明できない種類のものである。それは重力波の放射という現象である。

ニュートンの重力の法則は、重力の効果が一瞬のうちに伝わる。いいかえると、無限の速さで伝わることを仮定しているという批判については、第5章で述べた。アインシュタインの特殊相対性理論によると、物理的な影響が光の速さより速く空間を伝わることはない。一般相対性理論にもとずくアインシュタインの重力の理論はこの要請を満たしているのだろうか。

満たしているというのが答えであるが、重力が強い場合に、それがどのようにAからBに伝わっていくかを正確に述べようとすると、たいへん複雑になる。しかし、重力が弱い場合には、状況はある程度簡単になり、よく知られている電磁波の伝播（でんぱ）に似たものになる。そのような場合には、電磁波の放射と同じように、重力波の放射を考えることができる。

さてここに述べられていることは正しいのでしょうか？「ここまで議論してきた現象は、一般相対性理論を使っても、ニュートン理論の場合とほとんど同じように分析できる。われわれがニュートン理論を使ったのは、そのほうが直感的に理解しやすいからである」と述べていますが、まずこれが間違っています。ニュートン理論を用いたのはそれが正しいからであり、一般相対性理論ではこれらの現象をうまく説明できないからなのです。重力の伝達に時間がかかったならば周回による遠心力と重力による向心力のバランスが崩れてしまって、惑星や衛星が円軌道や楕円軌道を描けるはずがないのです。物理学者たちは、一般相対性理論によればすでに重力場が出来上がっているので、それに沿ってなめらかな軌道を描けるのだと言い訳しますが、共通重心の周りを互いに同期して楕円軌道を描いている連星の場合には、そんな言い訳は通用しません。それに重力波などもともと存在していないのです。同書よりさらに引用します。

そのように重要な力であるにもかかわらず、重力には、いまだに神秘のとばりに覆われている部分がある。ニュートンは、重力が逆二乗法則に従うことを明らかにしたが、なぜ逆二乗法則が成り立つのかという問いに答えることはしなかった。アインシュタインは、重力と時空の幾何学を結びつけるという独創的な理論を打ち立てた。しかし、アインシュタインは、彼の重力理論と物理学の他の部分との間にギャップのあることに気がついていた。アインシュタインの理論では、力としての重力は、表に出てこない。ふつうの物理的な力が、運動の状態を変えたり、物をつり合わせたりするのに対して、アインシュタインの理論での重力は、物体のまわりの時空の幾何学を変える。このような重力と他の物理的な力の間のギャップを埋めることを目ざして、アインシュタインは、すべての物理的な相互作用をまとめて取りあつかう統一場の理論をつくろうとした。何年もアインシュタインは研究を続けたが、この野心的な試みは不成功に終わった。

にもかかわらず、すべての相互作用を統一するという課題は、いまでも、物理学者たちを魅了する挑戦的なテーマとして存在しつづけている。（後略）

「ニュートンは、重力が逆二乗法則に従うことを明らかにしたが、なぜ逆二乗法則が成り立つのかという問いに答えることはしなかった」とありますが、ニュートンが「われ、仮説を作らず」と言ったことの真意をナーリカーは全く理解していないようです。これは量子力学でも明らかになったことですが、自然科学が明らかにできるのは「法則がどのようになっているのか」であって「法則がなぜそのようになるのか」ではないのです。このことを物理学者のリチャード・ファインマン（１９１８－１９８８）は「なぜそうなるのかは誰も知らない」（つまり「なぜそうなるのかは神のみぞ知る」）と表現したのです。四つの物理力の中でも重力は、宇宙に存在する（ダークマターも含む）全ての物質を互いに繋いでいます。太陽系、銀河系のような自由落下系は近似的な局所慣性系とみなすことができますが、それらの局所系には必ず重心が存在します。そしてその慣性系における速度とは、その重心を原点として系外の恒星や銀河に対して回転しない（つまり絶対空間に対して回転しない）座標系に対する速度を言います。従って図５－２において、太陽が無くなれば地球がこの座標系に対する速度を保ったまま接線方向に飛び去ることになるのです。そしてこのような局所慣性系に対して等速直線運動をする座標系は自由落下系ではなく、もはや慣性系とみなすことはできないのです。なお宇宙において宇宙マイクロ波背景放射（ＣＭＢ）静止座標系として絶対空間を観測することができますが、全ての物質には互いに重力が作用しており、またこの座標系は重心を持たず自由落下系でもないため、このＣＭＢ静止座標系を大域的慣性系とみなすことはできません。つまり相対性原理が想定するような大域的慣性系など一つも存在しないのです。従って特殊相対性理論は正しくないのです。

では、間違った理論に過ぎない特殊相対性理論が、なぜ今なお物理学界で正しい理論とされているのでしょうか？　歴史的には特殊相対性理論が最初から正しいと認められたわけではなく、こんな理論は科学理論ではないと批判した物理学者もいたのです。例えば、１９０５年アルバート・アインシュタイン（１８７９－１９５５）が特殊相対性理論を発表した年にノーベル物理学賞を受賞したドイツ人のフィリップ・レーナルト（１８６２－１９４７）は「自然科学に対するユダヤ人の悪影響の最たるものは、アインシュタイン氏によるものである。すなわち既存の正しい知識と彼自身の気ままな修辞を不細工に数学的に仕上げた彼の『理論』が元凶である。その理論は今日次第に衰えている。それは自然とは無関係に生れた理論の宿命である。その過程で研究者は、たとえどんな素晴らしい業績の持主であっても、『相対論――ユダヤ人』がドイツに腰を落ち着けてしまうのを初め見逃した、という批判を免れることはできない」（A・D・バイエルヘン『ヒトラー政権と科学者たち』常石敬一訳 岩波書店）と述べて、相対論とユダヤ思想（理神論）を批判したのでした。第二次世界大戦後、このレーナルトは連合国によってハイデルベルク大学の名誉教授の職を追われてしまいました。このように、戦後は相対性理論を批判する物理学者はその職を失うことになったので、物理学者は誰も相対性理論を批判したりしないのです。

ではユダヤが相対性理論の批判を許さないのはなぜなのでしょうか？　それは、ニュートン力学が絶対空間や（遠隔作用である）万有引力がなければ成り立たず、そのような汎神論的なニュートン力学をそのまま認めてしまうと、「この世界に神はいない」とするユダヤ思想（理神論）の誤りが明らかになってしまうからです。そこでユダヤは金《かね》の力で相対性理論というプロパガンダ（ペテン）を断固維持して、理神論に対する批判を封じているのです。つまり相対性理論とは物理学者を理神論に縛りつける呪縛であるわけです。

3 量子重力理論は可能か？

京都大学名誉教授の内井惣七による論文「量子重力と哲学」（『現代思想』vol. 35–16　152–165頁、2007年12月）より引用します。

量子力学が提起するいろいろな問題は、空間・時間の問題と並んで、欧米の科学哲学では最も盛んに論じられている話題である。（中略）現代物理学を支える二つの基本的な理論、一般相対性と量子力学とが相性が悪いことはよく知られている。

ここで「量子力学が提起するいろいろな問題」と表現されている問題のうちの主なものは、ファインマンが「なぜそうなるのかは誰も知らない」と表現した問題、つまり量子力学が理解不能であるという問題でしょう。また現代物理学の基本理論は、一般相対性理論と量子力学ではなく、ニュートン力学と量子力学でしょう。実際、ニュートン力学と量子力学とは相性がとても良いのです。一般相対性理論は観測結果から導かれた理論ではなく未だに一つの仮説に過ぎず、また第2章でも述べたように、一般相対性理論によって惑星や人工衛星の軌道計算のような重力にもとづく運動を計算することなどできないのです。一般相対性理論はビッグバン宇宙論や双子の宇宙論のような宇宙開闢神話を導くことができるという意味で、ナンセンスな特殊相対性理論とは違って存在意義のある理論ではありますが、この理論は科学理論の基本的要件を満たしてはいません。同論文よりの引用を続けます。

現在の量子重力研究では、どのような考え方が採られているのだろうか。現在の「主流」となっているのは超ひも理論だろうが、最近話題になっているリサ・ランドールらの唱える五次元時空説（超ひも理論の考え方も取り入れている）や、もっと控えめな行き方として「ループ量子重力」と呼ばれる動向もある。わたしの見るところ、これらの研究動向を概観して、哲学者に興味深いのは、概念的な「拡張路線」と「緊縮路線」のせめぎ合いである。これら現代物理学の最新理論は、アイデアや手法こそ新しいものの、二つの相反する路線のせめぎ合いという点では、ニュートンとライプニッツの昔の対立を再現しているような観がある。

現在四つの物理力のうち量子力学で記述できているのは、電磁力、弱い核力及び強い核力の三つだけで、重力はニュートンの万有引力の法則か一般相対性理論でしか記述できていないとされています。重力理論の量子化が期待される所ですが、未だ満足できる量子重力理論はできていません。この方面の努力は従来超ひも理論およびそれを拡張する方向でなされてきましたが、なかなか結果が出ず、「ループ量子重力理論」という別のアプローチもさかんに研究されるようになっています。同論文からの引用に戻ります。

拡張路線の代表は超ひも理論であり、緊縮路線の代表はループ量子重力である。ひも理論は、当初「点粒子」から生じる量子化の難点を避けるため、「有限の長さのひも」を基本的な道具立てとして出発したが、何度かのブレイクスルーを経た現在では、三次元や高次元のブレーン（膜）が主役に成り代わりつつあるという印象さえ強い。（中略）来るべき超ひも理論の統合を期待されている（まだ未知の）M理論は、実に一〇次元の外枠を前提する理論である。この理論がうまく機能するためには、一〇次元が要求されるのである。（中略）多様な素粒子を統一的に説明するために、小さなひもの振動に還元しようとした当初の動機は「緊縮路線」のように見えたのだが、そのひもの活動を支えるためには、「時空」という枠組みのレベルで相当な拡張路線を採ることを余儀なくされたのだ。（中略）ループ量子重力のアプローチは、時空の構造（一般相対性によれば、重力と不可分）

そのものの量子化を目指し、一般相対性と量子論とを統合しようとする。「ループ」という名前の由来は、空間の幾何学を量子化したとき、量子状態がループ、輪のようななめらかな閉曲線で表現されるからである。こうして、このアプローチは、高次元の外枠を前提しないで、物理学の枠組みとなっている時空構造の解明をしようとする。これが、超ひも理論や高次元理論との最も際だった違いである。この点は、しばしば「背景を前提しない background independent」という言葉で表現される。たとえば、一般相対性は背景を前提しない理論の一例であり、空間と時間は重力場の方程式にしたがって動的に生み出される（境界条件によって外枠の類を持ち込まない限り）。これに対し、ニュートンが提唱した力学は、絶対空間と絶対時間という外枠を前提していたし、その後改良された形でも「慣性系」という背景に依存した理論となっていた。この、背景を前提しないという点が、緊縮路線の本質とも言うべき条件なのである。超ひも理論の支持者たちは、ループ量子重力にはとても「統一理論」の資格がないと見なすようだが、この緊縮路線によって一般相対性の量子化を成し遂げている点は、決して無視できない成果である。

「ニュートンが提唱した力学は、絶対空間と絶対時間という外枠を前提していたし、その後改良された形でも『慣性系』という背景に依存した理論となっていた」とのことですが、ここで「改良された形」と表現されているのは特殊相対性理論のことであろうと思われます。しかし第2章でも述べたように慣性系という背景などは実在せず、従って特殊相対性理論は完全に誤った理論なのです。そして数学的便宜のために観測しようのない次元を勝手につけ加える行為は、科学的方法論を完全に逸脱しており、超ひも理論やM理論を科学理論とみなすことなどできません。実際にこれらの理論は一切何の予測もしない能無し理論であるわけです。存在が証明されている絶対空間や（万有引力という）遠隔作用をオカルトとして否定し、存在が否定された大域的慣性系や存在の確かめようのない次元を仮定するのは、汎神論を否定して理神論を守りたいからに違いありません。引用を続けます。

ニュートンとライプニッツの対立は、空間と時間の本性に関わるものだった。したがって、話題としても現代の超ひも理論やループ量子重力の研究対象と十分に重なっている。

ニュートンは、自分の力学を始めるとき、不動で不変の絶対空間と、一様に流れる絶対時間という外枠を仮定したのである。運動する物体の速度や加速度といった概念が、この外枠なしでは定義できないと彼は考えたのだ。しかし、この外枠の仮定は、回転運動から生じる遠心力という、経験的に測定できる現象によって、検証可能な帰結をもたらすので、単なる形而上学ではない「実験哲学」において意味があるし、この仮定なしでは遠心力の

現象そのものの説明が困難である、と論じたのだった。（中略）

これに対して、ライプニッツは、絶対空間と時間の外枠（背景）を仮定することは、世界の事物そのものに内在しない、余分な区別を持ち込むことになるので、科学理論、とくに究極の理論を目指そうとするなら望ましくないと論じたのである。（中略）彼にとって、空間と時間は、神が与えた法則に従って運動する事物の間の関係や秩序として派生するはずのものだから、「外枠」として導入するのは不要であるだけでなく、この外枠（背景）として世界に内在的な事物との間に余分な（外枠、背景に依存する）関係を生じさせることになってしまう。こんなことは、神が創造した世界とその法則を解明しようとする科学にとって好ましくない、とライプニッツは反対したのだった。

ニュートンの絶対空間や絶対時間といった背景は仮定ではなく実在しているわけですが、絶対空間の存在は「この世界が神そのものである」という汎神論の世界観につながってしまいます。実際にニュートンは、絶対空間を、この世界を統治し給う神の感覚中枢とみなしたのでした。それに対して「創造主である神はこの世界には居ない」と考える理神論者のゴットフリート・ライプニッツ（１６４６－１７１６）は、どうしても絶対空間を受け入れることができなかったのでしょう。更に引用を続けます。

ニュートンの拡張路線が、実に、相対性理論が出現する二〇世紀の初頭まで大勢を占め、大きな成果を生み出してきたことも否定しようのない事実である。

この論文の著者もおそらくは理神論者であり、それゆえにこそ特殊相対性理論によって絶対空間の存在が完全に否定されたという誤った立場をとっているのでしょう。同論文よりの引用を続けます。

ここで、ニュートン流の拡張路線を支持して展開し、力学の発展に多大な貢献をしたレオンハルト・オイラー（引用者注：１７０７－１７８３）の、ライプニッツ批判とニュートン力学擁護の議論を紹介し、批判しておきたい。というのは、この手の議論は、その後の科学者や哲学者の認識論的な論議で（超ひも理論の支持者やリサ・ランドールを含め）繰り返し現れることになるからである。

オイラーは、一七四八年に出版された論文「空間と時間に関する考察」で、哲学的原理に基づいて物理学を批判するのではなく、成功を収めた物理学理論に合致するような哲学的原理を追究すべきだと論じ、ライプニッツのニュートン批判を論駁しようとした。中心的な論点は、運動の第一法則、慣性の法則の経験的な成功である。ニュートン力学は、諸種の運動や天体の運行に関して多種多様な現象を解明することに成功してきた。したがって、この力学の基本法則、なかんずく第一法則の妥当性は経験的に確立されていると見なすべきである。（中略）オイラーが結論として導き出すのは、「第一法則の経験的妥当性を認める限り、絶対空間と時間の実在性も否定できない」という主張である。

その後の物理学の発展を知っているわれわれにとっては、この議論の欠陥を指摘することは易しい。慣性の法則の妥当性を認めても、絶対空間と時間の「実在性」を言うにはまだ道が遠い。せいぜい、「慣性系があることを経験的に認めざるを得ない」という結論（慣性系では、絶対速度は決まらないことに注意）が擁護できるのみである。

論文の著者のこの主張は完全に誤っています。そもそも絶対空間の存在は晩年にはアインシュタイン自身も主張していましたし、何よりも宇宙マイクロ波背景放射（ＣＭＢ）の観測によってその存在は確認されているわけです。そして、絶対空間つまりＣＭＢ静止座標系における絶対時間の矢は宇宙膨張の方向に向かっているのです。結局、何度も述べているように大域的慣性系など存在しないのです。次も同論文よりの引用です。

近年の科学哲学で多くの支持者を集めているのは、科学理論の役割を世界のモデルを提供することだと見なす考え方、いわゆる意味論的アプローチと呼ばれる立場である。（中略）物理学はあくまでも経験科学だから、現実世界で見られる現象によってチェックされる部分と、そうでない部分との区別が生じてくる。（中略）以下では、実験や経験によって何らかの仕方で（程度の差を許容する）チェックされる部分を単に「現象」と名づけておきたい。（中略）ニュートンのオリジナルな力学の場合、速度（距離の変化率）や加速度という、明らかに経験的に測定できる物理量（したがって現象に帰属するもの）にも、絶対空間というある種の実体に対する言及が不可欠だった。遠心力（現象）の規定にも、同じくこれに対する言及が前提されていた。（中略）オイラーによるニュートン力学擁護の議論のもっともらしさを生み出していたのは、論敵の理論が弱すぎて慣性や遠心力の説明を提供できていなかったからにすぎない。対抗馬として一般相対性を持ってきたなら、オイラーの議論はただちに説得力を失う。（中略）絶対空間や時間の「実在」は、ニュートン力学がいかに大きな成功を収めても決して示されていない。

この著者の「対抗馬として一般相対性を持ってきたなら、オイラーの議論はただちに説得力を失う」という主張はまったく根拠を欠くものです。なぜならアインシュタインは1920年にライデン国立大学での講演において、「一般相対性理論によれば、空間は物理的特性を与えられている。それゆえこの意味でエーテルは存在する。一般相対性理論によればエーテルを伴わない空間は考えることはできない」と述べて、一般相対性理論によれば空間は必ずエーテルを伴う、つまり絶対空間が存在すると主張しているわけですから。

ところで先に一般相対性理論は科学理論の基本的要件を満たしていないと書きましたが、これはどういう意味かと言うと、一般相対性理論で記述される事象は観測可能ではないということです。なぜなら観測者と観測される事物とが背景つまり時空を共有していなければ観測が成り立ちませんが、一般相対性理論で記述される事象は独自の時空を持ってしまうために観測者と時空を共有できないからです。この著者が紹介している「ループ量子重力理論」も一般相対性理論と同じく背景非依存の理論ですのでやはり観測不能の事象を記述する理論でしかありません。しかし宇宙開闢神話としては一般相対性理論に基づく開闢神話のもつ欠点を克服した物語を提供してくれます。M・ボジョワルドによる論文「量子重力が予言するビッグバウンス宇宙」（『日経サイエンス　２００９年1月号』40－46頁）より引用します。

時の始まりと考えられていたビッグバン特異点が存在しないなら，宇宙の歴史はこれまで考えられていたよりも過去の歴史を持つことになる。（中略）ループ量子重力理論では，特異点で何が起こったのかを直接調べることができる。単純化こそされているが，新たに後付け的な仮定を置くことなく，基本原理に基づいてすべてが記述されるのだ。ループ量子重力理論の差分方程式を用いると，ビッグバン以前の遠い過去を再構築できる。考えうるシナリオの1つは，宇宙初期の高密度状態が，ビッグバン以前に存在した宇宙の重力（引力）による収縮・崩壊で生じたというものだ。密度が非常に大きくなると重力が引力から斥力に転じ，宇宙は再び膨張を始める。宇宙論の研究者は，この現象を「バウンス」と呼ぶ。

（中略）

宇宙を表す波動関数の，ビッグバン前後における振る舞いを考察した結果，波動関数は特異点へと落ち込む古典的な軌道を通らず，量子重力効果で斥力が働くようになった時点で跳ね返ることがわかった。

（中略）

この結果を額面通りに受け取ると，バウンス以前の宇宙は私たちの宇宙とほぼ同じであって，一般相対性理論に支配されており，おそらく星や銀河などで満たされていたことになる。もしこれが本当なら，私たちの宇宙の様子を時間を遡ってバウンス以前の時期へと外挿することで，バウンス以前の宇宙がどのようなものだったかを推定できる。（後略）

ビッグバウンス期に生じるさまざまな影響で宇宙はぐちゃぐちゃになるにもかかわらず，物理理論をもってすれば，それ以前の宇宙がどのような姿をしていたかを予想できる。その中には，実に奇妙な予想もある。例えば，ループ量子重力理論から出てくる差分方程式によれば，ビッグバウンス以前の宇宙は私たちの宇宙の「鏡像反転」だったという。そうであるなら，ビッグバウンス後に右巻きのものは，ビッグバウンス以前には左巻きだったことになる。

「ビッグバウンス宇宙」と著者のボジョワルドは述べていますが、これはどう見ても、（特異点からではなく）量子宇宙から始まる「双子の宇宙」そのものでしょう。そしてこの双子の宇宙論においては、一般相対性理論による宇宙論ではどうしても避けられなかった特異点が見事に消えているのです。つまりビッグバウンス期とされているものを、宇宙開闢すなわち自己原因として現れた量子宇宙であると見なせばよいのです。まさに『古事記』に記されたアメノミナカヌシの神の出現です。そしてアメノミナカヌシの神の次にタカミムスヒの神とカムムスヒの神という双子の神が成ったように、この量子宇宙が、それぞれ反対方向の時間の矢を持つ双子の宇宙として互いに完全な対称性を保ったまま膨張し始めたわけです。しかしそれぞれの宇宙内においては対称性に破れが見られます。物質と反物質との対称性や時間対称性が破れているのもそのためです。双子の宇宙はそれぞれ北極点と南極点から、経線に沿って進む時間に従ってその時の緯線を空間として赤道に向かって進んでいるのです。

4 量子力学は不完全か？

京都大学名誉教授の佐藤文隆による論文「量子力学の身分」（『現代思想』vol. 35–16　54–67頁、２００７年12月）より引用します。

二〇世紀科学は、体制化の始まりであると同時に、「血沸き踊る」知的挑戦に《ママ》時代でもあった。それが二〇世紀初頭の物理学革命、相対論と量子力学、にあったことは標準的な見方である。この知的革新は、その「力強さ」故に人類社会に難題をもたらしもしたが、その知的学説と技術的手段が諸学説の革新にもつながった。筆者は、一九三〇年代以後は、この「知的革新」を引っさげて、物質の究極から宇宙の起源まで、また、ＤＮＡからＩＴ技術のハードウエアまで、新対象を探索・探検して新世界を発見し、技術世界を革新したに過ぎないと見ている。すなわち、二〇世紀初頭の「革新」は〝小骨一本変えることなく〟そのまま磐石であり、それをツールとして「世界」を拡大させただけである。（中略）話を物理学におとすと、二大革新のうちの量子力学の「産物」は巨大なものであるが、玄人の思想界でも、科学愛好家の間でも、相対論に比して、その知的興味の展開はあまりない。その理由は二つあって、一つは、量子力学は成立後ただちに物理学や化学の現場で具体的に使われる「利用」が拡大したことである。相対論が「一九世紀難問」への〝きれいな答案〟に過ぎず、研究現場にはさほどの影響を与えなかったが、ニュートン理論の権威崩壊という知的衝撃となった事情との差がある。量子力学はその基礎を学んだ当初は、誰でも直感と矛盾する予感を持つが、実験と計算をあわせることでは威力を発揮する。

この著者佐藤は、二〇世紀初頭の相対論と量子力学による物理学革命以後、物理学においてそれらに相当するような革新的進歩は一切おきていないと言っているのです。相対論が「一九世紀難問」への答案を与えてニュートン理論の権威を崩壊させる知的衝撃を与えたとしていますが、まず彼の言う「一九世紀難問」とは何でしょうか？　文脈から考えると、それはおそらくエルンスト・マッハ（１８３８－１９１６）が投げかけた〝絶対空間など存在しないのではないか？〟という疑問のことでしょう。そして絶対空間の存在を否定する特殊相対性理論がその難問に対する〝きれいな答案〟だというわけです。しかしマッハによる絶対空間の否定は、彼の「この世界は被造物に過ぎないから絶対空間など存在しない」という理神論の世界観に発するものに過ぎず、科学的根拠に基づくものではなかったのです。現在ではＣＭＢ静止座標系として絶対空間が観測されていません。また大域的慣性系が存在しえないことからも、特殊相対性理論がこの世界に当てはまらないことは明らかです。量子力学に対して佐藤は、「誰でも直感と矛盾する予感を持つ」という言い方で、ニュートン力学と同じく量子力学にも理神論の世界観に反するところがあることを仄めかしていますが、量子力学の科学理論としての正当性の評価は別にして、それにしても量子力学の威力や実用性は認めざるを得ないという点を強調しています。同論文よりの引用を続けます。

まず一九世紀物理学への対抗理論として登場した相対論の現在の地点での見方である。「現在の地点」とは標準理論完成後の一九七〇年代末以後のことである。そこからみれば「対称性と保存則」という数学概念を実在の代替物にしたことであると筆者は考えている。相対論登場時の一九二〇年代とは違う哲学的位置づけが必要である。（中略）標準理論が持ち込んだ力・作用の新しい見方は、「保存則」でのみ支えられた「存在」のみが実在であるという存在の機能的位置づけを推奨している。（中略）こうしたものの見方は、マクロ自然の見方として二〇世紀後半に強まった生態学的自然観、多様性、複雑系、などとは明らかに異なった信条を育むものである。

保存則についてのネーターの定理つまり「系に連続的な対称性がある場合はそれに対する保存則が存在する」とする定理を採用することにより、「対称性と保存則」という数学概念を実在の代替物にしたということでしょう。絶対空間が存在しなければ運動量保存則、角運動量保存則やエネルギー保存則が成り立たないことは小学生でもわかると思いますが、理神論者は系の持つ対称性によって保存則を説明できるとして絶対空間の受け入れを拒否しているわけです。しかしこの論文をここまで読んで、著者が決して頑《かたく》なな理神論者ではないことがようやくわかりました。なぜなら「数学概念を実在の代替物にした」という表現は明らかに理神論批判だからです。ここで前田嘉則による論文「相対主義の陥穽にはまりきった者たちへ」（『正論』１６３－１７３頁、平成26年9月号）より引用します。

　他者との協働によつて生きてゐるといふ当たり前の人間観を再確認し、その上で自己と他者との相対的な関係が成立するためには、自他を超えた絶対の世界が必要であるといふ人間観を定立しなければならない。絶対者によつて媒介される相対関係でなければ、人間関係は馴れ合ひと対立とに二極化される。「絶対者によつて否定された自己と他者による関係」の構築とそれへの「配慮」、これこそが幸福の源泉であるといふことを個人や国家の原点に据えるべきだ。競争原理を前面に出して成長を図る教育理念（自己による他者否定）、他国の庇護の下にある繁栄を平和と名づける国家理念（他者による自己否定）、それらはいづれも理念の名に値しない。その理念が通用するのは、いづれも今の状態を享受してゐる側が優勢にある場合のみである。終末が来るとは考へないから、さういふ能天気なことを言つてゐられるのである。

私立学校国語教師であるというこの著者は、教育者の立場から相対主義を批判してこの論文を書いているのですが、ここに引用した部分はそのまま相対性原理批判にもなっています。つまりニュートンが考え、オイラーが支持した通り、「絶対空間と絶対時間がなければ運動の第1法則（運動量保存則と角運動量保存則）は成り立たない」つまり「絶対的存在によって媒介される相対関係でなければ保存則は成り立たない」からです。絶対者を認めたくない相対主義者（つまり理神論者）は対称性によって保存則を説明できるかのように主張しますが、実はそれはうまくいっていません。彼らは並進対称性によって運動量保存則を、回転対称性によって角運動量保存則を説明できるとしますがこれは間違っています。なぜならこの世界で並進対称性や回転対称性など成り立ってはいないからです。第3章で述べたようにループ量子重力理論から導かれる双子の宇宙論では原始の量子宇宙においては完全なCPT（チャージ、パリティ、時間）対称性が成り立っていますが、双子の宇宙の片われであるこの宇宙内においてはすべての対称性は破れているのです。佐藤の論文「量子力学の身分」からの引用に戻ります。

量子力学の創始者の一人でもあるアインシュタインは晩年までこれに情熱的に敵愾心を抱いていたのである。（中略）アインシュタインは当初は内部矛盾を指摘しようとしたが、途中から「多体問題で相対論の原則（光速度限界）の保障が担保されていない（そのことに触れていない）から未完成」という態度に変わった。（中略）素粒子の理論は場の量子論（一九二八年）という局所作用の連続体理論に移行してこの問題を回避した。（中略）現在の標準理論では「繰り込み可能性」を原理の位置に高めて一九七〇年代末には「すべてＯＫ」という形で量子力学改造の野望は打ち止めとなった。アインシュタインの不平不満は完全に葬り去られたように思われる（その後の重力（時空）の量子化をめぐる試みは再び暗礁に乗り上げているが、この「本流」の課題と本稿で取り上げる「ねじれ」とは別種の課題である。ただし「この課題」の落としどころは未だ不明であり、「関係ある」という試みもある）。

頑たな理神論者であったアインシュタインは、遠隔作用の存在を認めるような量子力学をどうしても容認することができなかったのです。量子力学は「繰り込み」という手法で無理やり量子論に特殊相対性理論を組み入れたのですが、次の引用で述べられているように、遠隔作用はその存在が実験的にも確かめられてしまったのです。

アインシュタインは警告の実例として具体的に、瞬時に情報が伝わるように見える思考実験を一つの「パラドックス」として提起した。それが「波動関数による実在の記述は完全か？」と題した一九三五年のＥＰＲ論文である。当時はその成否を実験で決着できなかったが、一九八〇年代初頭にはレーザーとかのハイテク実験で「一九二七年版量子力学のアインシュタインが意図するような修正・追加（引用者注：『隠れた変数』仮説のこと）は不可能」という実験結果が得られた。「このままではこんな信じられない不思議なことを受け入れねばならなくなるよ」ということであったが、実験では「受け入れよ」となり、彼の懸念を完全に裏切った。「自然は不思議であり理論はあれで完成品」と結論付けたのである。

つまり（現在では「量子もつれ」と呼ばれる）この遠隔作用の存在が証明されることによって、「自然は不思議である」という事実、つまり「自然を理性で解き尽くすことはできない」ことが明らかになったのです。同論文よりさらに引用します。

物質科学では空間的に離れた要素の間に相関がある場合にはその間に相関を維持している物質的存在があると考える。この遠隔相関を巡っては物理学には長い経緯がある。ニュートンが重力の作用に「仮定をつくらず」としたが、これは一七世紀当時、少し先輩のデカルトの「渦巻説」と同格に論ぜられる事を嫌がったからである。その後、一九世紀に電磁現象を力学現象として運動方程式を作る段階で、マックスウェル達は空間に瀰漫するエーテルの存在を想定してその力学として方程式化に成功した。しかし二〇世紀初頭のアインシュタインの相対論はこの「静止系」を想起さすエーテルを否定した。ただし、その後の素粒子論の場の量子論ではエネルギーを秘めた一種の相対論的エーテルが復活している。そこでの掟は「物理的作用の伝播には光速という上限値がある」ということである。これで初めて原因結果の因果的作用が曖昧さなく定義できる。

佐藤は「物質科学では空間的に離れた要素の間に相関がある場合にはその間に相関を維持している物質的存在があると考える」と書いていますが、すべての科学者がこのような物質主義的な機械論（つまり理神論）の立場をとったわけではありませんでした。とくにガリレオ・ガリレイ（１５６４―１６４２）、ヨハネス・ケプラー（１５７１―１６３０）、ブレーズ・パスカル（１６２３―１６６２）、ニュートンらは神の直接支配を信じており、デカルトやライプニッツのような理神論者ではなかったのです。また、ここに書かれている「物理的作用の伝播には光速という上限値がある」とする考えは、時間的側面から見ると因果律あるいは因果性の原理と呼ばれ、また空間的側面から見ると局所性の原理と呼ばれており、理神論ではこれらの原理が成り立つという前提を置きます。ところが一つ前の引用にも書かれているように、量子力学はこの原理が破れていることを示しており、しかもそのことが実験的に証明されているのです。量子におけるこの因果律の破れは「量子の非局所性」とも表現されます。さらには第2章でも書いたように、重力もニュートンが考えた通り遠隔作用でなければならないのです。なぜなら重力の伝播が光速でしか行われないとすると、天体が円軌道や楕円軌道を描けるはずがないからです。つまりこの世界は、ミクロの世界もマクロの世界も、すべての存在が遠隔作用で繋がった不思議の世界、理神論では説明のつかない神秘的世界であったわけです。

5 この宇宙が即ち神である

ＮＨＫテレビで放送された番組「宇宙を支配する法則は何か？」『モーガン・フリーマン時空を超えて』の字幕より、まずモーガン・フリーマンによるナレーションの冒頭部分を引用します。

私たちが住む宇宙は極大の星の爆発から極小の粒子の不思議な動きに至るまで深遠な謎に満ちています。人類は科学知識を発達させる事で謎を一つ一つ解明し石器時代からコンピューターの時代へと文明を進歩させてきました。しかしその根本が揺らぎ始めています。これまで正しいと思われてきた物理法則が間違いかもしれないと分かってきたからです。（中略）この宇宙が一つの織物だとしたら私たちもその一部に編み込まれているため全体を見渡す事はできません。見えるものは周りのごく一部だけで、全てを眺める事はできないのです。

これらの指摘は重要です。特に「これまで正しいと思われてきた物理法則が間違いかもしれないと分かってきた」というところと「この宇宙が一つの織物だとしたら私たちもその一部に編み込まれているため全体を見渡す事はできません」のところは注目すべきでしょう。ここでいう「間違いかもしれない物理法則」が相対性理論を指すのか、はたまた量子力学を指しているのかはともかくとして、私たちがこの宇宙に編み込まれているために全体を見渡せないというのは、ある意味で物理学がかかえる問題の本質を見事に言い当てています。同テレビ番組からの引用を続けます。

人類は宇宙の真実をいくつも発見してきました。しかし一つの真実を発見するとそれ以上に多くの謎が現れこの世界の深遠さを思い知らされます。特に量子力学で扱われる極めてミクロな世界では、私たちの常識からかけ離れた現象が起きています。その謎を追究していくと根本的な疑問がわき上がってきます。「そもそも確かな現実など存在するのだろうか？」という疑問です。量子力学は世界を変えました。現代の多くのテクノロジーは量子力学の研究成果に基づくものです。しかし私たちはそれを本当には理解していません。量子の世界は私たちが現実だと思っている世界とは全くの別物だからです。（中略）

量子力学は万物を構成している素粒子の振る舞いを説明する科学です。量子力学のおかげでコンピューター、原子力、人工衛星、先端医療など多くの優れた技術が実現しました。しかし量子力学が示す自然法則は私たちの日常的な感覚とは相いれないものです。言ってみればそのミクロな世界は全く別の法則に支配されているのです。例えば「量子の非局所性」。２つの素粒子がはるかな距離を超えて瞬時に情報を共有する現象です。

「私たちが現実だと思っている世界」あるいは「私たちの日常的な感覚」とはどのような世界や感覚のことを指しているのでしょうか？　それは、五感で確かに感じとれる世界だけが現実世界であり、絶対空間、遠隔作用や死後の世界、霊などといった五感で感知できず、また科学的に理解できないものなどそもそも存在していないのだ、とする理神論の考えや感じ方を指しているのでしょう。しかし量子の世界においては、客観的実在の仮定をおくことができなくなり、世界は理解可能ではないということになってしまうのです。同テレビ番組「宇宙を支配する法則は何か？」よりの引用を続けます。

「量子の非局所性」を証明する実験が行われました。まず２つの原子に「量子もつれ」と呼ばれる結び付きを作ります。それから２つの原子を８キロメートル引き離し片方に刺激を与えます。すると両方の原子の振動が瞬時に変化しました。この実験では街を横切るようにレーザー光線を照射していました。２つの原子の情報共有と光が進むスピード、どちらが速いかを比較するためです。その結果レーザーが街を横切るよりも速く原子の振動が変化した事が分かりました。量子もつれによる情報共有は光よりも速かったのです。なぜそんな事が起きるのかは分かりません。分かっているのは量子力学的な現実と私たちの目に見える現実は全く違うという事だけです。

（中略）

量子力学の実験によって導き出されるのは信じられないような結果ばかりです。中でも量子力学の不思議さが特に現れているのが「二重スリット実験」です。この実験を見るとそもそも「現実」とは一体何なのかを考えさせられます。この装置は「光子」と呼ばれる光の素粒子を一度に１つずつ２つの狭いスリットに向けて飛ばします。

（中略）

次々と飛んできては左右どちらかのスリットを通り抜ける光子。普通に考えればその先の壁には２本の筋ができるように思えます。しかし実際には違います。何本もの筋ができて波のような模様が広がるのです。１つずつ放たれた光子がどうすれば波の模様を作れるのでしょうか？　唯一考えられる可能性は光子が２つのスリットを同時に通り抜ける事。言いかえれば光子が「２つの場所に同時に存在する」という事です。更に奇妙な事があります。スリットの脇に検知機を置くと波の模様が消えるのです。そして検知機を外すと再び波の模様が現れます。私たちがそれを観察しているかいないかによって物理現象が変わる。だとすれば現実とは一体何なのでしょうか？

（中略）

量子物理学者たちが正しければ、私たちは宇宙の根源的レベルを理解できそうにありません。人類は乗り越えられない壁に直面し、宇宙を支配する法則を知るという希望は砕かれるでしょう。

「宇宙を支配する法則」の存在を前提とすることは、理神論（従って汎神論否定）の立場に立つことになります。ニュートンは「世界は神が統治し給う」という汎神論の立場をとっていましたが、現代の科学者の多くは理神論者で、「神はこの宇宙とそれを支配する法則とを創った」とする立場をとっています。そして理神論にそぐわない万有引力や「量子もつれ」のような遠隔作用、「量子の二重性」そして不確定性原理や観測問題などを受け入れ難く感じているのです。彼ら理神論者は、ニュートン力学の有用性は認めながらも絶対空間の存在や遠隔作用としての万有引力をどうしても受け入れることができず、相対性理論に飛びついたのでした。引用を続けます。

宇宙を支配する法則を知るためには、量子の世界と目に見える世界がなぜこれほど違うのかを解き明かさなくてはなりません。（中略）現代の物理学を支える2つの理論があります。大きなものを扱う「相対性理論」と、小さなものを扱う「量子力学」です。もし2つの理論が夫婦だとすれば、夫の相対性理論は光の速度の限界に厳密に従う生真面目なエンジニア。一方、妻の量子力学は常識にとらわれないアーティスト。あまりに個性が違いすぎてうまくいくようには思えませんが、現実でもたまに見かけるとおり、なぜか夫婦円満です。謎を追究していくと重力の問題に突き当たります。ニュートンとアインシュタインのおかげで、私たちは重力について多くの事を理解しています。しかし、量子のレベルにおいて重力が持つ役割や、空間と時間に対する量子の効果はまだ分かっていません。

一般相対性理論と量子力学の相性の悪さは第3章で引用した内井の論文にも記されていましたが、この相性の悪さの根源がどこにあるのかと言えば、それらがよって立つ世界観の違いにあるのです。つまり一般相対性理論は遠隔作用を否定する理神論に則っており、一方ニュートン力学や量子力学は、世界は分けることのできない全体であるという全体論的世界観つまり汎神論の立場に立っているのです。しかし一般相対性理論や第3章で取り上げたループ量子重力理論は背景非依存の理論であり従って科学理論としては失格ですが、宇宙の始まりを記述する宇宙開闢神話としてはとても魅力的な物語を提示してくれます。そしてそれらの開闢神話つまり「ビッグバン宇宙論」や「双子の宇宙論」は汎神論の宇宙をあらわしているのです。汎神論では、宇宙の全存在は絶対空間、重力、量子もつれなどで常に繫がっており、本質的に分離不可能な総体であるとみなします。そしてそれは物理的存在であるとともに意識体でもあると考えるのです。同番組よりの引用を続けます。

量子力学と相対性理論の統一は宇宙の法則を解明するための大きなハードルになっています。しかしそれすらも上回る謎があります。人類は宇宙のおよそ95％を把握できていないのです。（中略）宇宙について知れば知るほど非常に大切なものが欠けている事に気付きます。何か大きなものです。宇宙には目に見えない巨大な何かが存在しています。現在のところいかなる手段をもってしても感知できません。しかし宇宙の法則を突き止め新たな進化を遂げたいと望むなら、それが一体何であるのかを解明しなければなりません。宇宙はビッグバンと呼ばれる爆発によって生まれました。誕生した当初はエネルギーの塊のような存在でしたが、時間がたち温度が下がると固体・液体・気体などの物質が出来始め、やがて天体が生み出されました。宇宙を支配する法則を突き止めるには、エネルギーのあらゆる形態を理解しなければなりません。しかし宇宙の大部分が、私たちには理解できな

いエネルギーで出来ているとしたらどうでしょうか？（中略）

かつての学説によれば宇宙の膨張はやがて速度が衰えるはずでした。ところが近年の観測により膨張はむしろ加速している事が分かりました。何か未知のエネルギーが存在し銀河同士を引き離しているのだと考えられます。

（中略）

ダークエネルギーが宇宙に占める割合はどのくらいでしょうか？　宇宙の中で私たちに見える通常の物質は全部合わせても僅か４・６％。質量がほとんどない素粒子ニュートリノが０・４％。ダークマターと呼ばれる未知の物質が23％。残りは全てダークエネルギーで宇宙の質量とエネルギーの実に72％にあたります。全体の95％を占めるダークエネルギーとダークマターは人間には感知する事ができません。しかし確実に存在するはずだと科学者たちは考えています。なぜならダークエネルギーが存在しなかったら計算上宇宙は自らの重力で潰れてしまうはずだからです。

以上のように現代物理学が明らかにしたのは、この宇宙にはダークエネルギーが満ちておりその作用によって自らが加速膨張しているという事実です。空間を満たしているこのダークエネルギーこそ古来その存在が信じられ、あるいは仮定され、探し求められてきた「空間を満たす何ものか」つまり「エーテル」と名づけられたものの正体ではないでしょうか？　さらに汎神論では「神即《すなわち》自然」とするわけですから、ダークエネルギー、ダークマターそして通常物質さらにはこれらの実体が生み出す絶対時間や絶対空間、それらすべてを一つにして「神」と呼ぶわけです。このように虚心坦懐に宇宙を見ればこの宇宙が汎神論の宇宙であることは明らかなのですが、それでも理神論に立つ物理学者達は決してその事実を受け入れようとはしないのです。同番組よりの引用を続けます。

ダークエネルギーの正体は「カメレオン粒子」と呼ばれる未知の素粒子の副産物ではないかとバレイジは考えています。宇宙には基本的な力が４つあると考えられています。カメレオン粒子はその４つとは違う第５の基本的な力を伝えるとされる素粒子です。

（バレイジ）「４つの基本的な力が存在する事は既に分かっています。私たちを地上につなぎ止めている「重力」。そして「電磁気力」。原子内で働く「弱い力」と「強い力」。ダークエネルギーやカメレオン粒子のような未知の粒子が存在するなら、この４つの他に５つ目の力がある事になります。」

この未知の粒子が「カメレオン」と呼ばれるのは見た目を変える事ができるからです。重い時はのろのろとして力が弱まります。軽い時は素早く動き回り力が強まります。その重さは周りの環境にどれだけの物質があるかによって決まります。

つまり彼女（クレア・バレイジ）はダークエネルギーのような宇宙全体に存在し現在も宇宙を加速膨張させ続けているエネルギーの正体を、仮想の粒子が作り出す有限の速さで伝わる力で説明しようとするのです。そんなことが不可能であることは誰の目にも明らかだろうと思うのは私だけでしょうか。引用を続けます。

物理学が電磁気力や原子力の仕組みを解明した事で、人類の文明は大きく進歩し、私たちの生活も劇的に変化しました。もしダークエネルギーの仕組みが解明されたら一体どのような変化が起きるのでしょうか？

（バレイジ）「ダークエネルギーが人類にとってどんな意味を持つかは何とも言えません。ただこれまでの発見の歴史から考えてみれば何らかの恩恵はあるはずです。ですからダークエネルギーという未知の存在を理解するのはとても重要な事だと思います。私たちが理解している物質は宇宙の中ではほんの僅か。宇宙の大部分はダークエネルギーによって占められているんです。」

ダークエネルギーは宇宙の法則を解き明かす重要な鍵となる事でしょう。その正体の解明が宇宙を動かす方程式を見つける事につながるかもしれません。

この番組の制作者は、宇宙に遍在する「何ものか」の存在を認めざるを得ない現在の状況にあっても、「宇宙は方程式によって動いている」とする理神論に未練たっぷりなのです。引用を続けます。

理論物理学者のマックス・テグマークはボストンの近郊に住んでいます。アウトドア派で森の中を歩きながら思索にふける事を好みます。ただし考えている内容は一般的な人から見ると少々風変わりです。

(テグマーク)「私たち物理学者はこの世界をうまく説明する方程式を発見してきました。それは現実そのものが方程式だからです。この宇宙は巨大な数学的構造をしています。だからこそ数学によってうまく説明できる。つまり私たちは数学の中に生きているんです。」

（中略）

（テグマーク）「素粒子の本質は数字の群れにすぎません。それらしい呼び名も付いていますが実際には数字でしかないんです。世界の根源にあるものは数字だけ。この宇宙は数学そのものです。」

ここまで理神論にこだわるのは、これはもう妄想の領域であろうと思われます。汎神論の考えを受け入れる方がよほど真っ当な思考であるでしょう。もう少し同番組から引用します。

テグマークが言うとおり数学こそ究極の真実なのかもしれません。しかし人間の限界と宇宙の広大さを考えると、全てを網羅する究極の方程式を見つける事などできるのでしょうか？

この質問に対する答えは、この番組の冒頭ですでに示されています。つまり「この宇宙が一つの織物だとしたら私たちもその一部に編み込まれているため全体を見渡す事はできません」

ということですが、これはゲーデルの不完全性定理を暗示しています。次はこの番組からの最後の引用です。

（テグマーク）「究極の方程式が見つかるという保証はありません。しかしこの１００年で人類は大きく進歩しました。かつては夢にも思わなかったような事さえ理解できるようになっています。そのような方程式を見つけたいなら失敗を恐れず挑戦を続ける事が大切です。もし私が間違っていて宇宙の根源に数学的ではない何かが存在するとしたら、物理学はいずれ行き詰まるでしょう。逆に私が正しければ進歩を妨げるものはただ一つだけ。私たち自身の想像力不足です。」

現実において宇宙の根源には、絶対空間やダークエネルギーといった数学的ではないつまり論理を超えた「偉大なる何ものか（サムシング・グレート）」が確かに存在しており、理神論の科学などはとっくの昔に破綻してしまっているのです。

6 占領の呪縛の正体

平成29年7月4~9日の6日間に、『夕刊フジ』に5回にわたって連載された西鋭夫《にしとしお》によるコラム【占領政策の真実】より引用します。

日本が「近代化」という「欧米化」のうねりに翻弄された19世紀と20世紀は、流血の２００年。屍（しかばね）が、陸と海と空を覆い尽くした２００年。

元駐ウクライナ大使の馬渕睦夫は、日下公人との共著『ようやく「日本の世紀」がやってきた』において「近代化というのはユダヤ化ということなのです」と断言しています。その伝《でん》でいけば日本の「近代化」も実は「ユダヤ化」であったということになります。同コラムよりの引用を続けます。

欧米白人国は、領土強奪に富と幸せがあると信じ、地球上の弱い国々（有色人）を侵略し、抵抗すれば徹底的な殺戮（さつりく）を行った。勝者は「我に正義の女神がついているからだ」とうそぶき、軍力だけが国家安全を保障し、国威を高揚させると「富国論」を担ぎ出し、侵略戦争を繰り返した。

（中略）

徳川日本は天下泰平を250年謳歌（おうか）していたが、伊豆半島まで侵略してきた米国艦隊に大砲を突きつけられた。米海軍のペリー提督はアジア征服をもくろんでいた。江戸湾にわが物顔で侵入したペリー提督は、幕府と交渉する直前に巨大な大砲で37発（空砲）も射放し、幕府を震撼（しんかん）させた。ペリー提督は大量殺戮の武器を持っていない日本を徹底的に見下す。

薩長土佐の若者は、明治維新以来、いや、その数年前から、欧米版の「近代化」という旗印に帝国と臣民の「進化」があると信じ、新しい神様に巡り合ったかのようにのめり込んでゆく。

維新政府は徳川を封建主義の瓦礫（がれき）だと卑下しつつ、「脱亜入欧」「文明開化」「富国強兵」の即席スローガンを唱えるも、アジアから脱皮できず、ヨーロッパへも人種差別で入れてもらえない。日本が数千年かけて錬磨した精神文化遺伝子を打ち捨て、欧米の中央集権的な製造業や銀行を取り入れても富国になれず、国民は困窮する。強兵だけが巨大になってゆく。

ペリー提督がユダヤ主義《ユダイズム》（理神論）の秘密結社フリーメーソンの大物メンバーであったことは確かであり、またその結社の奥の院であるロスチャイルド一族から巨額の航海費用のサポートを受けていたらしいのです。つまりペリー提督はユダヤ主義者つまり金融ユダヤ勢力の手先として、彼らの目的である世界征服達成の手始めとしてまず日本を従わせるために、１８５３年と54年の二度にわたりはるばるやってきたのです。しかしその後、１８６１年から65年まで続いた南北戦争のために米国には日本に係《かか》わっている余裕はなくなり、代わってイギリス東インド会社を前身とするロスチャイルド系商社「ジャーディン・マセソン商会」の社員であり長崎に邸宅を構えるスコットランド生まれの武器商人トーマス・グラバーが坂本龍馬らを唆《そそのか》して討幕運動に駆り立てることになります。同コラムよりの引用を続けます。

日本の悲劇は、明治維新（１８６８年）から日本敗戦（１９４５年）までの77年間、武力を楯（たて）にアジアに侵略してきた欧米と戦い続け、無道徳の20世紀のうねりに巻き込まれてゆき、己の手までを鮮血に染めつつ残忍な戦争の暗い街道を走り続け、平和への出口を見失い、軍力に、日本国民の勇敢さに国家安全があると信じ、精魂つきるまで戦わなければならない運命の選択を強いられたことだ。いや、その選択をしたことだ。勝者・米国が「真珠湾は卑怯（ひきょう）な日本のだまし討ち」という「史実」を世界中に「常識」として刷り込んだ。米国は「犠牲者」として優位に立ち、日本は「加害者」として断罪される。近代化とは、欧米から世界へ広がっていった戦争国家を構築させる伝染病だったのだ。

わが国には、戦わずして白旗を掲《かか》げ欧米の植民地となるか、大東亜解放を目指して敢えて玉砕覚悟で戦うかしか選択肢はなかったものと思われます。最終的に日本は戦いに敗れはしたものの、その後多くの植民地が独立を果たせたのは、まさに日本が戦ったお蔭であったに違いありません。同コラムよりの引用を続けます。

１９４５（昭和20）年の真夏、トルーマン米大統領は、広島と長崎に原子爆弾を投下。日本人嫌いのトルーマン大統領は「真珠湾の１００倍返しだ」と歯を見せて笑う。

（中略）

敗戦責任者をA級B級C級と格付けをして、勝者の正義を世界へ誇示するために「東京裁判」を開催し、天皇陛下（当時・皇太子）のお誕生日（12月23日）に7人を絞首刑にした。「天皇、一生懺悔（ざんげ）せよ」との意図だ。

独裁者として皇居前のビルで6年間君臨するマッカーサー元帥は「キリスト教が民主主義だ」と信じており、米国から宣教師を数多く招待した。「天皇も神道から改宗すべきでないか」と思案する。

理想郷に浸っていたマッカーサー元帥を動転させたのが、1950年6月に勃発した南北朝鮮戦争だ。

フランクリン・ルーズベルト大統領もトルーマン大統領もそしてマッカーサー元帥もすべてフリーメーソンのメンバーでした。ということは彼らが形の上ではキリスト教徒であったとしても、それはイエスを敬愛する真のキリスト教徒ではなく反イエスの親ユダヤ的キリスト教徒であったということです。つまり「異教徒とりわけ有色人種の異教徒など人間ではなく家畜に過ぎない」とする強い宗教差別と人種差別の意識を持っていたわけです。そのために彼らはこの戦争において、原爆投下や都市爆撃によって非戦闘員を大量殺戮することに何の躊躇《ためら》いも見せなかったのです。そして東京裁判ではこういった自らの明らかな戦争犯罪には完全に目を瞑《つむ》り、敗者のみをあらぬ罪を着せてまで一方的に裁いたのでした。同コラムよりの引用を続けます。

連合軍総司令官のマッカーサー元帥は、日本が二度と戦争ができないように、日本軍を解散させ、日本の政界と財界を牛耳っていた財閥を解体し、軍需関連の機械製造業も操業停止にした。日本が稲作農業に戻れば世界が平和に暮らせると考えた。

日本には、まだ大きな問題が残っていた。日本人の忠誠心と戦闘心だ。これらを根こそぎ破壊しなければ、日本がまた強敵となる。

日本人の教育革命が必要だと確信したマッカーサー元帥は、本国から27人の有識者たちを「教育使節団」として招聘（しょうへい）し、「改革案を出せ」と指令した。（中略）

27人の有識者たちは20ページ少々の改革案を提出した。実際に書いたのは、ほぼ団長1人（＝私は以前、団長とニューヨークで面談したとき、そう断言された）。（中略）

「平和教育」の脚本が、この報告書である。日本の悲劇、日本破壊の原書だ。本当かと疑うことも書いてある。

①日本語の漢字は日本人に難しすぎる。

②小学生は漢字習得に時間を使いすぎ、民主主義について学ぶ時間が危機的に少ない。漢字を廃止すれば、国民の間に情報が伝わりやすくなり、民主主義が自然に発芽する。

③日本語を廃止して英語にすべきだ。だが、まずはローマ字を使う。日本が開発発明したカタカナを併合して使う。使われない漢字が自然消滅した後、英語を国語とする。

日本教育の奥の奥に隠れていたのが「教育勅語」だ。マッカーサー元帥の側近たちが、その存在に気がついたのは、占領が始まって丸1年もたっていた。気づいたときの反応は素早い。

「この勅語は、極度の西欧化に対する恐怖感から生まれたものである。勅語は日本民族主義のマグナ・カルタ（大憲章）であり、軍国主義者や超国粋主義者の行動や理論の源になった」

「忠君と親孝行は、四十七浪士の盲目的な忠誠であり、この忠誠の下、全ての罪悪は許された。また、親子の愛については天皇崇拝の宗教に結びつき、愛国主義の宗教を作り上げた。教育勅語が日本帝国の教育の源だとすると、日本人の道徳・倫理の目的は皇室の繁栄のためにだけあり、新憲法の精神である一個人の権利という考え方と完全に食い違うものだ」

赤穂の忠臣蔵を持ち出した米国は、日本の敵討ちを恐れたのだ。教育勅語は即座に破棄。日本は、道徳の大黒柱を折られたまま国防もできない国となる。

（中略）

連合軍最高司令官のマッカーサー元帥は、「民主主義」「平和」という言葉を頻繁に使ったが、「平和」の裏に日本民族に対する恐怖感があることを見逃してはならない。マッカーサー元帥は、日本人に平和を望んでいたのではなく、日本人の「弱民化」を実行したのだ。米国の国家安全のために、日本人の誇りを潰した。

この他にもGHQは日本を弱体化するため、つまり（汎神論のお国柄という）わが国の国体を破壊するためにありとあらゆる事をしたわけですが、とくにこの教育革命の押し付けそれと11宮家の廃止はわが国体に対する強烈なボディーブローとなっています。同コラムよりの引用を続けます。

「國破れて山河在り」は、誇り高き敗者が戦乱で壊された夢の跡（あと）に立ち歌った希望の詩（うた）だ。歴史に夢を生かすため、夢に歴史を持たせるため、われわれが自分の手で「占領の呪縛（じゅばく）」の鎖を断ち切らねば、脈々と絶えることなき文化、世界に輝く文化を育んできた美しい日本の山河が泣く。

次に田中英道著『戦後日本を狂わせたOSS「日本計画」』より引用します。

やがて東西冷戦がはじまり、アメリカも共産主義に肩入れすることをやめてしまう。昭和二十二年二月に予定されていた「二・一ゼネスト」は、決行直前にマッカーサーの指令によって中止された。徳田球一や野坂参三ら日共幹部はまさかGHQが弾圧するとは思っていなかった。

この頃からアメリカが政策を変更する。いわゆる〝逆コース〟のはじまりである。（中略）

しかし時すでに遅く、日本の戦後の方向は決定づけられていた。東京裁判で戦犯が断罪され、新憲法もできた。公職追放が行われ、神道指令も出る。あらゆることが二年間のうちに行われてしまったのである。これが日本の戦後の不幸であった。国民はマッカーサーと米軍に対して感謝の気持ちさえもってしまったのである。そのときには巧妙に行われた日本の左翼化がほぼ完成しつつあったのだ。

教育界では二十万人が公職追放され、代わりに素人が、大学には二、三流の左翼たちが数多く入ってきた。その後GHQによるレッドパージがあったが、それで追われたのは六千人にすぎない。残った十九万人以上の人たちが社会の主流になったことで戦後の教育もおかしくなってしまい、多くの学生たちが左翼化する結果を生んだ。OSS（引用者注：Office of Strategic Services、戦略情報局、CIAの前身の諜報機関）のフランクフルト学派がとくにターゲットとして狙っていたのは大学やメディアのようなインテリであった。

それまでの経済闘争、労働運動から、文化面での闘争に切り替えたのである。彼らは「社会学」、「心理学」を武器に、学校やメディアで人々を洗脳し、その結果、大学、メディア、あるいは文化人と呼ばれる人たちによって日本文化そのものの変質と、日本人の意識の左翼化が進んだのである。社会主義国の崩壊の後とはいえ、切り替えができぬ人々が多く、その状況はいまも変わっていない。

ほとんどの既存のメディア（特に新聞と地上波テレビ）が、おそらくは占領利得権確保と保身のために、未だにＧＨＱが押し付けたプレスコードを遵守し続けているにもかかわらず、幸い近頃の若者達は主にインターネットや書籍を通じて歴史の真実を知るようになってきています。すでに洗脳されてしまっている団塊の世代のその洗脳を解くのは困難でしょうが、彼ら若者達が中心となって近い将来この「占領の呪縛」の鎖をきっと断ち切ってくれることでしょう。左翼思想、相対主義や理性万能主義の欺瞞性をはっきりと認識することこそが、その動きを大きく加速してくれることと思います。

7 言論にユダヤタブーはあるのか？

渡部昇一と馬渕睦夫との対談記事「『ユダヤ人　なぜ、摩擦が生まれるのか』のどこが禁書《タブー》か」（月刊『WiLL』2016年12月号）より引用します。

馬渕　渡部先生が監修された『ユダヤ人　なぜ、摩擦が生まれるのか』（原題：The Jews／中山理訳／祥伝社）の原著は一九二二年、つまりソ連政府が成立した年に刊行されていますが、金融社会、グローバリズム、移民問題など、現代の国際社会の実態を、百年近く前に予言している。これが本邦初の翻訳だというのも意外です。著者のヒレア・ベロックという作家はイギリスでは大きな存在だそうですね。

渡部　（中略）ベロックは、ロシア革命後のユダヤ人の国際的な金融支配がイギリスにとってもユダヤ人にとっても非常に危険なものになってきているから、いまのうちにユダヤ人と融和《ゆうわ》する道を開かなければいけないと言っています。いわばユダヤ問題についての予言と警告の書です。広く読んでもらいたい本なのですが、すべての新聞から広告の掲載を断られてしまいました。

たしかに、最近のイギリスの人名事典ではベロックは「反ユダヤ的《アンチ・セミテック》」と書かれていますが、決してそんなことはない。むしろ、ユダヤ人の社会や文化に敬意を払っていました。（中略）ベロックは「このままではユダヤ人が危うい。ひどいしっぺ返しをくらうのではないか」と心配している。ヒトラーが政権の座に就く十年も前のことです。ところが、ユダヤ人のことを書けばいまはみんな反ユダヤ主義者にされる。日本の新聞も、なぜか「ユダヤ人」という言葉に神経をとがらせていて、書名に「ユダヤ人」とあればどんな内容であろうと広告掲載を拒否するんです。

まず、現在わが国のような自由主義社会においては言論の自由が保障されていると思われていますが、実際には「ユダヤ人に関する言説」をとりわけ新聞や地上波テレビを通じて発する自由は、著しく制限されているという事実にはとても驚かされます。またイギリスの人名事典ではベロックは「アンチ・セミテック（anti-Semitic）」つまり非白人のセム族に対する人種差別主義者であるかのように書かれているとのことですが、彼の立場はむしろ「非ユダヤ教徒は人間ではない」とするような、ユダヤ教（パリサイ派）の宗教差別的教えを批判するという意味の「反ユダヤ主義《アンチ・ユダイズム》」の立場であるのでしょう。つまり彼こそが反差別主義者であるに違いありません。同記事よりの引用を続けます。

馬渕 （前略）国境をなくす。契約書がすべて。能力のみで判断する。それ以外に他と区別するものはすべて矮小化《わいしょうか》する。国境をなくして、モノとカネが自由に移動するようになると、残るは人の移動の自由です。それは世界中の人間が移民と化すことを意味する。ジャック・アタリがまさに移民推進論者なんです。（中略）

渡部 （中略）ベロックは、「イギリスでは金に困った貴族はユダヤ人の富豪の娘を嫁に取る」と書いています。だからイギリス人貴族の顔はユダヤ人顔が多いというのです。百年前ですでにそうですから、いまではイギリスの上流階級にはユダヤの血が流れている人が非常に多いはずです。ということは、イギリスの上流階級はユダヤ財閥の「ハイ・ファイナンス」と結びついている場合が多いということになります。国境を越えた金融界の働きをベロックはハイ・ファイナンスと呼びましたが、これは現在の「グローバリズム」と同じ意味です。だから、ＥＵ離脱の背景にはそれに反感を抱く一般国民の気分があるのではないでしょうか。

馬渕 離脱派はグローバリズムに反対している勢力で、ナショナリズム派と言えます。反グローバリズムは、ユダヤ人が目指す世界に対する抵抗の表れでしょう。国境の壁を低くするということはナショナリズムを失うこと、イギリスの独自性を失うことにほかならない。伝統を大切にする人々は、イギリスがイギリスでなくなってきているという危機感を抱く。これはなんとかしなければいけない、そういう素朴な感情が強かったのだと思います。

欧米のメディアや世論を牛耳《ぎゅうじ》っている知識人にはユダヤ系が多い。その論調を真に受けている日本のメディアも、同じようにイギリスの離脱派は醜い大衆迎合主義者《ポピュリスト》で、理性的なのは残留派であると報道する。（中略）

渡部　（中略）ところが、いま向こうの新聞を見ると、イギリスで生まれ、イギリスで教育を受けてイギリスの弁護士になった移民の息子がイスラム国のために働いていて、「偽善の国、イギリスをイスラムに改宗させよう」という運動をやっている。こんな有様を見たら移民というものに懐疑的にならざるを得ないでしょう。（後略）

近年のテロの頻発という忌々《ゆゆ》しき事態に直面して、多くのイギリス国民が移民の問題点を肌身にしみて感じ取り、その結果としてEU離脱を望む声が大きくなったのでしょう。「EU離脱賛成派は理性を失ったポピュリストだ」などといった決めつけこそ、メディアによる情報操作であるに違いないのです。同記事よりの引用を続けます。

馬渕　ヒレア・ベロックもイギリス人ですが、彼の本がアンチ・セミティズムとはどうしても思えない。この本ではむしろユダヤ人を擁護している。それがなぜ反ユダヤと捉えられたのか。その理由の一つはロシア革命の真実を暴いたことではないかと思います。

渡部　当時のインテリはロシア革命を「ザ・ジューイッシュ・レボリューション」と呼んでいます。ボルシェヴィキの指導者がほとんどユダヤ人であったことをみんな忘れている。革命の指導者トロツキーはユダヤ名（レフ・ダヴィードヴィチ・ブロンシュテイン）を公表しています。

馬渕　ロシア革命とは何だったのか、世界中で誤って伝えられています。ロシア革命がユダヤ人の革命だったとは誰も言わない。

渡部　考えてみれば、マルクスの「万国の労働者よ、団結せよ」という言葉は国境をなくせということですからね。

馬渕　まさにグローバリズムです。ところが、万国の労働者は団結せず、団結したのは、万国の金融資本家でした（笑）。世界中の金融資本家が一つになって、グローバル化を進めている。

渡部　ボルシェヴィキは革命時に大量虐殺を行いましたな。

馬渕　日本でも欧米でも、それがロシア革命を総括できない最大の理由になっています。

ロシア革命の真実を暴くと大量虐殺に行きつく。そうするとヒトラーがユダヤ人に対して行った大量虐殺が相殺されてしまう怖れがある。いまはヒトラーのほうがスターリンより悪者で、ルーズベルトは第二次世界大戦でスターリンと組んでもっと悪いヒトラーをやっつけたということになっている。しかし事実は、アメリカは一番の悪と組んで二番目の悪をつぶしたんです。

渡部　ベロックの本には、確かにユダヤ人を怒らせるところもあるんです。ロシア革命はユダヤ人革命であり、革命直後にロマノフ王朝の宝石などがユダヤ人の古物商を通じてパリやロンドンで売りに出されたという記述がありますからね。

馬渕　なぜ売らなければならなかったか。革命を完遂するためにアメリカのウォールストリートなどの富豪から援助という名目で金を借りたからです。それを返済するためにレーニンもトロツキーもロマノフ王朝の秘宝を売ることにした。加えてトロツキーは、搾取《さくしゅ》のない人民の国になったのだから個人が持ってはいけないと言ってロシア国民の金《きん》を没収した。その金で自分たちの借金を返したわけです。ユダヤ人にとって都合の悪い話がいろいろと出てくるんですね。

渡部　ヨーロッパで戦争が起こると、ユダヤ資本は両方にお金を貸している。日露戦争でもジェイコブ・シフが戦時国債を買って助けてくれたから日本は感謝している。しかし、ロシアにも貸しているんですね。だから、ポーツマス条約で話がまとまった時にロシアの代表が最初に電報を打ったのはロシア皇帝ではなくて融資してくれたドイツの銀行家、メンデルスゾーンだった。典型的なアシュケナジ系（ヨーロッパ系）ユダヤ人です。そのことを日本が知っていれば、もっと有利な平和条約を結べたかもしれない。第一次大戦時はドイツ側も連合軍側も、どちらも鉄砲、大砲の弾の鉛はロスチャイルドの鉱山から採掘していた。そんな話がいくつもあるんです。

ナチス・ドイツによって多くのユダヤ人の命が奪われたということでナチズムが絶対悪視されていますが、それよりも多くの犠牲者を生んだ共産主義の罪については今なお不問に付されたままなのです。ユースタス・マリンズ著『真のユダヤ史』より引用します。

スターリンがナチスのロシア侵攻に際して、国境地帯からユダヤ人を立ち退かせ、シベリアの家畜列車のなかで二〇〇万のユダヤ人たちを死ぬにまかせたことを想起すればよい。それは、スターリン守備軍の配置をユダヤ人が裏切ってドイツ人に教えるかもしれないと恐れたからであった。そしてスターリンはロシア軍兵士に、ドイツ軍がワルシャワのゲットーを掃討する二週間のあいだ、ワルシャワ郊外で待機するよう命令したのである。

誰が敵であろうとも、ユダヤ人はいつも人民を裏切って敵に内通するだろう。そのため、侵略者が駆逐されたあとで、ユダヤ人は裏切りの代償を払わねばならないのだ。

（中略）

だが、連合国軍の爆弾が女性と子供を殺しはじめると、そんな雰囲気は一変した。ヒトラーは、戦争がつづくあいだ、すべてのユダヤ人を収容所に拘束するよう命じた。

その理由は、多数のユダヤ人が、ドイツの都市・居住区域を空爆する爆撃機のための誘導信号灯を設置しているところを発見され、捕まったからである。各ユダヤ共同体のシオン長老団が、ユダヤ人狩りにドイツ人と協力した。

（中略）

戦前のドイツ在住ユダヤ人口三〇〇万人のなかから六〇〇万人のユダヤ人がナチスによって殺されたとされるこの〝物語〟の背後には、したたかな経済的理由があった。推定される大虐殺の当時にはまだ存在していなかったイスラエル国家は、この〝殺人〟の代償としてドイツ国民に対して一〇年にわたって毎年八億ドルの「賠償金」を賦課したのである。

死んだユダヤ人の大多数は、一九四一年に侵攻中のドイツ軍に対するスターリンの防御線をユダヤが切り崩すのを予防するために、スターリンによって殺されたポーランドのユダヤ人たちだった。しかしイスラエルは、ロシアにはいかなる賠償も要求しなかった。

ユダヤ主義者は、ここに引用したマリンズの言説などは決して認めないでしょう。しかしこういった言説が誤りであると主張するのであれば、言論封殺をするのではなく史料を用いて反論すればよいのです。先に引用した渡部・馬渕の対談記事「『ユダヤ人　なぜ、摩擦が生まれるのか』のどこが禁書《タブー》か」からの引用に戻ります。

渡部　（前略）日本にはナチスにあたるものがなかったから、連合軍は苦しまぎれに日本全体を裁いたわけだけれども、死刑を宣告された東條が、実は二万人のユダヤ人を救った男だということ、日本がユダヤ人迫害を批判していたことを世界が知っていれば、果たして日本を裁けたでしょうか。

馬渕　それは現在でも歴史認識において実に重要なことですね。いま世界の歴史認識の鍵を握っているのはユダヤ人の歴史学者なのですから。

渡部　杉原千畝だけじゃない。杉原はユダヤ人に対して勝手にビザを出したせいで外務省を辞めさせられたように世間では言っているけれど、そんなことはありません。戦後、外務省が規模を縮小したために退職勧告を受けただけです。杉原でなくても日本の外交官なら誰でも同じことをしたでしょう。

それを、ユダヤ人を助けたためにクビになったような言い方をするのは非常によくない。

いま日本は歴史戦争のさなかにありますから、この前の戦争における日本人のユダヤ人に対する態度を明らかにすべきです。ポーランドから船に乗って逃げ出したユダヤ人たちはロンドンで受け入れられず、ニューヨークでも上陸できずにやむなく戻ってきた。彼らを待っていたのはアウシュヴィッツでした。

そういう時代に日本政府は断乎としてユダヤ人迫害に反対した。そんな国は先進国では日本だけだったはずです。その事実を世界中のユダヤ人に、そして各国の人々に知らせるべきではないでしょうか。

馬渕　外務省も何もしていないわけではないのですが、それをすると、東京裁判史観の否定になる。もちろんそれは否定すべきものとはいえ、いまの日本を取り巻く情勢の下では、外務省としてはやりにくい。

やはり雑誌月刊『ＷｉＬＬ』の２０１７年８月号に、ユダヤ教ラビであるマービン・トケイヤー氏による「日本人とユダヤ人の絆」と題された記事（訳／高山三平）が掲載されましたが、そこでもこの問題が取り上げられていますので引用しておきます。

近衛文麿《このえふみまろ》内閣は一九三八年にドイツにおいてユダヤ人迫害が募ると、主要閣僚による五相会議を開いて『ユダヤ人対策要綱』を決定し、「人種平等の理念に立って、ユダヤ人差別を行わない方針」を確認していた。

関東軍司令部も、ソ満国境に難民が到着した前月の一九三八年一月に、東條参謀長のもとで『現下ニ於ケルユダヤ民族施策要綱』を定め、「民族協和、八紘一宇ノ精神」に基づいて、差別しないことを決めていた。

（中略）

東條、樋口両将軍がユダヤ難民の生命を救ったことは、世界がひろく知るべきである。

（中略）

一九三八年の満洲里に戻ろう。ドイツから逃れた大量のユダヤ人難民が、ヨーロッパからシベリア鉄道に揺られて、二月に満洲国の北端の満洲里駅のすぐソ連側にあるオトポールに、つぎつぎと到着した。ほどなくその数は二万人に脹《ふく》れあがり、多くの幼児もいた。

難民は原野に急造のテントをはり、バラックをこしらえて凌《しの》いだ。三月のシベリアは気温が零下数十度にまで落ちる。ソ連はユダヤ人難民の受け入れを拒み、ヨーロッパへ送り返そうとした。難民たちは満洲国へ入国することを、強く望んだ。

ハルビンにあったユダヤ人居留民組織であったユダヤ人極東協会の幹部が、関東軍のハルビン特務機関長の樋口少将と会って、ユダヤ難民を救うように懇請した。

樋口は決断し、新京（現、長春）に司令部があった関東軍参謀長だった東條中将に、難民の入国を許可するように求めた。東條がすぐに同意し、満洲国外交部と折衝したうえで、ユダヤ人難民を入境させることができた。

樋口少将（後に中将）の令息は東京の大学教授だが、「父は東條参謀長が許可しなかったら、ユダヤ人難民が救われることがなかったと語った」と、証言している。

松岡洋右《ようすけ》満鉄（満洲鉄道）総裁が命じて、何本もの救援列車を仕立てて、満洲里まで派遣して、国境を渡った難民を運んだ。

ドイツ外務省が日本政府に対して、大量のユダヤ人難民を満洲国へ入れたことに対して、強硬な抗議を行った。関東軍司令部へすぐに伝えられたが、東條中将は「当然な人道上の配慮によって行った」として、一蹴した。

このなかの多くの難民が海路、敦賀に上陸したが、敦賀でも神戸でもどこでも、日本の官民が親切に扱ってくれた。

東條参謀長は一九四一年に首相、松岡総裁は一九四〇年に外相となったが、ユダヤ人の恩人である。二人は東京裁判で戦勝国の正義によって裁かれ、東條大将は死刑に処され、松岡は公判中に病死した。

イスラエルが独立を果たした後に、樋口将軍と、その副長だった安江仙弘《のりひろ》大佐が、イスラエル国家によって顕彰された。

（中略）

杉原千畝の〝生命のビザ〟の物語は日本だけでなく、世界に知られているが、日本の左翼勢力によって、大きく歪められてしまっている。

（中略）

日本では、杉原が日本政府の方針に背いて、ユダヤ人難民に〝生命のビザ〟を発給したために外務省から譴責され、追われたとされているが、これは大きな嘘だ。

杉原はいわゆる〝生命のビザ〟を発給した後に、昭和天皇からリトアニア勤務までの功績によって、勲章を授けられ、領事代理より格が上の駐ルーマニア日本公使館三等書記官に昇進している。

（中略）

日本は明治に開国した時から、人種平等の理想を求めてきた。それにもかかわらず、多くの日本国民が戦勝国が一方的に正しかったと思い込んで、自国の歴史を恥じているとしたら、残念なことだ。日本は東條、樋口両将軍の快挙を、大いに誇るべきである。

トケイヤー氏はまことに公平な目で歴史をみています。これは氏が日本を戦争へと追い込んだ、主に白人で構成される金融ユダヤ勢力の一員なのではなく、民族ユダヤに属する敬虔なユダヤ教徒であるからなのでしょう。この引用にあるトケイヤー氏の「ソ連はユダヤ人難民の受け入れを拒み、ヨーロッパへ送り返そうとした」という記述と、一つ前の引用にある渡部氏の「ポーランドから船に乗って逃げ出したユダヤ人たちはロンドンで受け入れられず、ニューヨークでも上陸できずにやむなく戻ってきた。彼らを待っていたのはアウシュヴィッツでした」という発言は重要です。ユダヤ人が仕掛けたロシア革命の結果できた国＝ソ連、そしてハイ・ファイナンスが実質的に支配する国であるイギリスやアメリカは逃げてきたユダヤ人難民を決して受け入れようとはしなかったのです。つまりナチス・ドイツに追われたユダヤ人難民を受け入れたのは、日本だけだったのです。このことは、ニュルンベルク裁判でナチス・ドイツを厳しく断罪した連合国にとっては、極めて都合の悪いことでした。極東軍事裁判（東京裁判）において連合国が東條英機や松岡洋右をA級戦犯として裁いたのには、オトポール事件の生き証人である彼らの口を封じておこうという動機もあったのではないでしょうか。

8 近代日本のユダヤ化

つぎに太田龍著『猶太《ユダヤ》国際秘密力』から引用します。

明治二十三（一八九〇）年、憲法に基づく民選帝国議会が招集され、わが国にユダヤの発明したゴイム（異民族＝豚）操作システム、議会制民主主義という凶器＝狂気が発足してしまった。

このシステムは、二つの柱によって支えられている。

一つは、金権と情報独占による大衆操作であり、一つは、大衆の賤情・劣情を煽動し、無制限に愚民化してゆくプロセスである。

わが国にユダヤ式立憲政治が発足して百年余、この間にこのシステムは日本民族の道徳を完膚なきまでに堕落させる役割を果たした。

（中略）

日清・日露両戦争は、かつての「大日本帝国」時代の日本人の自慢の種であり続けたが、残念ながら、真相はおめでたい日本人の考えていたようなものではない。

それは、フリーメーソンが日本に公的許可を与えた戦争であったようだ。

このときの日本に割り当たられた役目は、ユダヤ・フリーメーソンの東アジアにおける番犬として働くことである。

（中略）

勝海舟は日清戦争に反対であったらしい。日清は協力して西洋に当たるべきであった、というのだ。

けれども、すでに満州と韓半島にはロシアが入り込み、清国にも李氏朝鮮にもロシアの軍事圧力を押し返す力はなかった。

そのまま放置すれば、満州と韓半島はロシア領となり、揚子江以南はイギリスが押さえ、北京・黄河一帯は米英仏独列強が管理する、というような結果とならざるをえなかった。

日本が手をこまねいていれば、安政条約改正どころか、逆に列強による日本分割に進むであろうし、一歩出て韓半島、満州で戦えばユダヤは日清韓の反目を煽り立てるだろう。

十九世紀末の日本は、進むも退くもならず、前途は暗黒に閉ざされていた、といわざるをえない。こんな状況下の日本に、ユダヤは「日英同盟（引用者注：１９０２年締結）」のエサを投げ与えたのである。

腹をすかした日本はこのエサに喰いつかざるをえない。当時のイギリスの新聞には、この日英同盟を諷刺する漫画（ヴィクトリア女王が犬の姿をした日本にエサを与えている）が出たそうだ。まさにこれは図星だ。

（中略）イギリス王室がクロムウェル以来、とことんまでユダヤ化され、フリーメーソン化されていることは自明のことだ。

（中略）ユダヤは戦争（引用者注：日露戦争。１９０４〜０５）が終結するや、即刻、南満州鉄道をユダヤ国際金融資本の手に収めるべく行動を開始した。

つまり、「狡兎《こうと》死して走狗《そうく》烹《に》らる」ということわざを絵に描いたような展開だ。

これがユダヤの冷酷な意志だったのだ。

小村寿太郎外務大臣は、この介入を断然はねつけた。しかも小村はさらに、フリーメーソンの日本での活動に厳重な制限を加え、日本人がこの結社に参加することを禁止する措置をとった。

小村外交は、「魂の外交」とも呼ばれる。小村には、あきらかに西郷隆盛の血が流れていたようだ。ユダヤからすれば、この小村外交はユダヤ・フリーメーソンに対する宣戦布告以外の何ものでもない。

太田龍のこのような歴史の見方は、戦後の主導的歴史家からは〝根も葉もない「陰謀論」〟のレッテルを貼られて切り捨てられるのが落ちですが、それは世界の歴史学界そのものが国際金融資本家によってコントロールされているからでしょう。実際には、白人の金融ユダヤ（またはハイ・ファイナンス）が抱く世界支配の野望と、それを達成せんが為に彼等が仕掛けた数々の謀略をすべて無かったことにしたまま、歴史特に近代史を理解することなどできないのです。同書からの引用を続けます。

そして焦点は、「満州問題」に設定された。なぜなら、欧米列強は、日本が日露戦争に勝利した以上、日本の朝鮮併合は容認せざるをえなかったので、ひとまず満州から日本を追放し、欧米白人列強の手に奪還することに目標を定めたからである。

さらにユダヤは、日本民族の内部の攪乱《かくらん》に乗り出した。

すなわち、上級貴族階級のなかにユダヤの手先を育成した。（中略）

中流知識層には「大正教養主義」が注入され、日本の伝統文化を蔑視する、欧米のユダヤ化された文化に中毒したインテリ学生が大量に生み出された。

下層の労働者農民階級には、ユダヤ得意の賤民デモクラシーと、ユダヤ共産主義のイデオロギーが与えられた。

（中略）

日本は第一次世界大戦を「日英同盟」の枠、あるいは傘のもとで戦った。

つまり、ドイツを敵国としたわけだ。

（中略）

しかも、大正天皇の病状が悪化する。日本国家の中枢部は、深い憂いに包まれたことであろう。

このとき、出るべくして、『シオン長老の議定書（プロトコール）』の最初の日本語版が公刊された（大正九年）。

日本民族の先覚者は、ついに、国際ユダヤの謀略という、長い間、日本民族から隠されていた秘密解明の糸口にたどりついたのだ。

伊藤博文はドイツ帝政を日本の国家設計のモデルとした。このモデルが消失してしまった。

英米にくっついてゆこうとしたのに、夢想だにしなかったアメリカの排日、反日、日本敵視の政策が出現した。米英に煽動された中国の反日運動が激化した。

ソ連共産政権は、コミンテルン日本支部＝日本共産党を組織して日本赤化を呼号しはじめた。

気がついてみると、周り中が敵となり、しかも敵は日本国内に無数の手先＝工作員＝売国奴を育成している。

このようにしてわが国は、国外からの圧力や国内外の工作員たちの誘導によって、満洲事変、支那事変、そして大東亜戦争へと引きずり込まれていったのです。同書よりの引用をさらに続けます。

昭和十六（一九四一）年十二月八日の対米英開戦の詔勅では、この戦争の目的が、少しもわからない。

（中略）

すでに日露戦争終結直後に、ユダヤ・フリーメーソンは、日本を次の「仮想敵国」と定めた。この対日戦の戦争目的は、はっきりしている。

日本をアジア・中国大陸から追い払い、中国をユダヤが直接占領することである。

（中略）

なかでも、ユダヤの会心の一手は、蔣介石《しょうかいせき》、宋美齢《そうびれい》など中国国民党政権の中枢部をフリーメーソンに取り込み、この蔣政権を使って反日・抗日・侮日キャンペーンを展開させたことであろう。

（中略）

昭和十六年の「日米交渉」は、ユダヤにとっては三十年にわたる対日謀略の、いわば最終の詰めにすぎない。

つまり、このときの日本の本当の敵、戦争相手は、ユダヤの陰の世界政府であったのだ。そして、ごくわずかな先覚者を除き、日本人はその事実を知らなかった。


つまり、対米英開戦の時点で日本は戦う真の相手が一体誰であるのか、また彼らの意図が何であるのか全くわかっていなかったのです。そして現在もこういった歴史の真実を学界で語ることはタブーであるらしいのです。同書よりの引用をさらに続けます。


敗戦とともに、日本人のユダヤ化がはじまる。

（中略）

ユダヤは日本のいわゆる「国体」について、十二分に研究し、知り尽くしている。

そのうえで占領政策が立案され、そして実行に移された。

それに反し、日本民族の側は、敵＝占領軍＝ユダヤの正体を何も知らないのだ。（中略）

ユダヤ占領軍が第一に狙ったことは、日本人のすべての民族的伝統、民族の神話、歴史、道徳を破壊することだが、そんなことを占領軍が直接やったのではうまくゆかない。

彼らは、すでに大正デモクラシー期に日本のなかに植えつけておいたリベラリストと、親ユダヤ的キリスト教徒、それから左翼（特に共産主義者）を使ってそれをやらせた。

（中略）

占領軍は数十万人の指導層を、「侵略戦争協力者」として公職追及処分にしたが、代りに共産党を〝育成〟してユダヤのための情報提供に精を出させた。

（中略）

国際ユダヤが日本に対してひそかに宣戦布告したのは、日露戦争後、小村寿太郎外相がユダヤの満州鉄道介入を拒否したときである。

彼らはそれからちょうど四十年で、とうとう目的を貫徹した。

日露戦争後、アメリカ合衆国の鉄道王ハリマンの南満洲鉄道の共同経営の提案に時の外務大臣小村寿太郎《こむらじゅたろう》が反対した途端、それが正当な日本の主張であるにもかかわらず、東洋人を差別的にみていた白人の国際金融ユダヤ勢力は、今度は日本人を敵とみなすようになったのです。そこで「黄禍論《こうかろん》」がアメリカでも広まったのでしょう。自然科学のような学問の分野でも東洋人差別はひどく、日本人の新発見などほとんどすべて無視されて、間も無く欧米人科学者の発見として認定される有り様でした。『猶太《ユダヤ》国際秘密力』からの引用を続けます。

ユダヤにとって最難関であった天皇・皇室の問題も、ユダヤは例の両建て戦略でクリアした。すなわち、

（1）共産党を前面に立てて天皇制廃止、人民共和国の樹立を揚げさせる。

（2）天皇・皇室を親ユダヤ・フリーメーソン陣営で包囲してしまう。そして昭和二十一年元旦のいわゆる「人間天皇宣言」（これは天皇の名で発布されたものの、その正体は占領軍教育課長ヘンダーソン中佐による文書である）で天皇を「神典」から切断させてしまう。

この両建てである。

ユダヤ・フリーメーソン占領軍が一週間で作成し、天皇の命を人質にとって日本民族に押しつけた日本国憲法は、ユダヤが日本民族滅亡のために仕掛けた毒薬ではなかったろうか。

（中略）

占領体制によって利益を得た占領受益者階級が、日本の社会の各界に根を張ってしまっ

たのだ。

これによって日本民族は、占領下で出《ママ》利権を得た人々と、民族本来の伝統を死守しようとする人々との二つに分断され、互いに反目し憎しみ合う軌道に乗せられてしまったのではないか。

つまりマッカーサーは、皇室と憲法という日本の国体そのものに直接手を出して、日本の汎神論を衰退させ、日本をユダヤに隷属させようとしたわけです。大東亜戦争（太平洋戦争）前の世界はどんな状況だったのでしょうか。次にヘンリー・S・ストークス著『英国人記者が見た連合国戦勝史観の虚妄』から引用します。

> イギリスは数百年間にわたって、負けを知らなかった。大英帝国を建設する過程における侵略戦争は、連戦連勝だった。私はイギリスは戦えば必ず勝つと思っていたし、学校でそのように教えられた。私は一面がピンクだった地球儀によって、教育を受けた。イギリスの領土がピンク色で、示されていた。
>
> ところが、第二次世界大戦が終わると、植民地が次々と独立して、ピンク色だった世界が、さまざまな色に塗り替えられてしまった。

大英帝国は植民地を徹底的に搾取《さくしゅ》することで、栄華を保っていた。お人好しの日本人が、台湾、朝鮮の経営に巨大な投資を行なって、本国から壮大な持ち出しをしたのと、まったく違っていた。どうして、イギリスが植民地支配なしで、栄華を維持できたことだろう。日本の手によって、戦争に必ず勝つはずだったイギリスが、大英帝国の版図をすべて失った。

戦前は確かに大英帝国の版図が最も広大であったのですが、そのほかにも米国は太平洋にフランスやオランダはアジアやアフリカ大陸に植民地を持って、そこから富を搾取し続けていました。またソ連も武力による版図の拡大を企てていたのです。それらの国つまり英米仏蘭そしてソ連も、実は金融ユダヤが秘密の支配者であり、また国際連盟も白人のユダヤ人によって仕切られていました。当時ユダヤによる支配を拒んだのがナチス・ドイツとイタリアだったわけです。一方わが国はと言うと、1922年のワシントン会議において「日英同盟」を破棄させられたうえで、英：米：日の艦艇の保有率を5：5：3に制限するというワシントン海軍軍縮条約を結ばされていました。その後、米英ソはますます排日を強めて日本を対米開戦へと追い込んでいったのです。同書よりの引用を続けます。

アジア諸国の欧米による植民地支配からの独立は、日本によって初めて可能となった。これは厳粛な真実だ。日本はアメリカによって不当な圧迫を蒙《こうむ》って、やむをえず対米戦争を戦ったが、アジア解放の理想を掲げた。明治維新は欧米の帝国主義によって、日本が植民地化しないために行なわれたが、アジアの解放はその延長だった。

はじめ欧米諸国は何が起こっているのかわからなかった。しかし、アジアの諸民族が自ら独立のために戦う決意をし、立ち上がったということが、明らかになってきた。

日本がアジアに進攻することがなかったなら、アジアはいまでも欧米の植民地のままだったろう。アメリカで黒人が大統領になるどころか、今でも黒人たちが惨《みじ》めな地位に喘《あえ》いでいたことだろう。

日本が大東亜戦争を戦ったことによって、大英帝国が滅びた。日本が大東亜戦争を戦わなかったら、いまでもアジア諸民族が、イギリスやフランス、オランダ、アメリカの支配を受けていた。

戦場は太平洋ばかりではなかった。日本が解放を目指した欧米の植民地はアジア全体に広がっていた。どうして「太平洋戦争」なのか。だから、日本は「太平洋戦争」と呼ばなかった。

日本が戦争を戦った真実を把握するには、「大アジア」を戦場として、アジア諸民族を搾取《さくしゅ》する植民地支配者であった欧米諸国と戦い、アジアを解放した「大東亜戦争史観」をもって見る必要がある。

アジアを蹂躪《じゅうりん》し、植民地支配をしたアメリカも、ヨーロッパ諸国も、「大東亜戦争史観」という観点から歴史を見られることだけは、決定的にまずい。日本が「太平洋戦争」を戦ったことにしておきたいのだ。

アジア独立に日本が果たした貢献を知られると、欧米の悪行があからさまになってしまうからだ。見せかけの正義が、崩壊してしまう。「大東亜戦争」という観点を持ち出されると、欧米の戦争の大義が崩壊し、実はアジアを侵略したのは欧米諸国であったことが、白日の下にさらされてしまう。

この著者（英国人記者ヘンリー・S・ストークス氏）は「欧米の悪行」と書いていますが、より正確には「ハイ・ファイナンス（あるいは国際秘密勢力）の悪行」というべきでしょう。というのは、当時の欧米の国民の大部分は、その国際秘密勢力が支配している報道機関や教育機関が垂れ流すプロパガンダによって完全に洗脳されており、欧米によるアジア、アフリカ、太平洋への侵略と植民地政策は正しい行為であると信じ込まされていたわけですから。

問題は、わが国を含む世界中において、現在もこの国際秘密勢力による企みが続いているところにあります。わが国では、この企みの協力者として現在も利益を得ている、太田龍のいう「占領体制によって利益を得た占領受益者階級」あるいは産経新聞の阿比留瑠比《あびるるい》のいう「連合国軍総司令部（GHQ）によって規定された戦後の枠組みを墨守したい勢力」（「阿比留瑠比の極言御免　改憲を恐れ、ひるみ、印象操作か」『産経新聞』平成29年7月28日朝刊）、具体的に言うと左翼メディアをはじめとする左翼勢力やリベラリストそしてグローバリストたちがその既得権益を手放すまいとして、教育基本法を改正しようとした森内閣、戦後レジームからの脱却を唱えた第一次安倍内閣、そして憲法改正を口にした第二次安倍内閣に対して、なり振り構わぬ攻撃を仕掛けたのです。

国際秘密勢力はダーウィニズムを生物学に持ち込むことにより、また熱力学の第二法則や相対性理論を物理学に持ち込むことによって、自然哲学（自然科学）から汎神論を排除してしまいました。つまり「科学的見地からすると、この世界は神の存在しない理神論（唯物論）の世界である」と決めつけたのです。しかしダーウィニズムやネオ・ダーウィニズムそして熱力学の第二法則や相対性理論は、論理的に考えても間違っていますし、観測事実もこの世界が汎神論の世界であることをはっきりと示しています。つまり「神即自然《すなわち》」であるのです。

わが国の自然観は古来よりこの「神即自然」の汎神論であったのですが、明治維新以後（理神論に染まった）西洋近代科学が入ってきました。哲学者の西田幾多郎《にしだきたろう》は汎神論の立場をとっており、同じく汎神論の世界観を抱いていたニュートンやケプラーを高く評価する一方、近年の物理学が前提としているような唯物論的世界観（つまり理神論）には厳しい批判の目を向けています。西田は、戦時中の晩年に『世界新秩序の原理』という論文を著し、その中で「私の云う所の世界的世界形成主義と云うのは、他を植民地化する英米的な帝国主義とか連盟主義とかに反して、皇道精神に基く八紘為宇の世界主義でなければならない」と述べて、英米の植民地主義を批判し、日本書紀に記された八紘為宇（＝八紘一宇）つまり大家族主義の精神に基づいて大東亜共栄圏を築くべきであると説きました。しかし敗戦占領期に、京都学派四天王と呼ばれた高坂正顕《こうさかまさあき》ら西田幾多郎の優れた弟子たちは、戦争協力の廉《かど》で京都帝国大学における職を追われたのでした。

本書で述べてきたように、現在では絶対空間と絶対時間の存在が明らかとなっており、重力と量子もつれという遠隔作用が宇宙に存在する物質を一つに結び付けていることがわかっています。そのうえこの宇宙に遍在するらしい目に見えないダークエネルギーは宇宙の全存在の70％余りを占めているというのです。そして23％はやはり目に見えないダークマターが占めており、客観的観測が可能な通常物質は5％にも満たないのです。意識は客観的観測が不可能なので自然科学の対象にはなりませんが、この世界の95％も意識と同様客観的観測不能な為に自然科学の対象にはならないのです。

9 おわりに

大東亜戦争後の占領体制下において、連合国軍総司令部（ＧＨＱ）は日本の国体（つまり汎神論のお国柄）の強さを恐れて、それを徹底的に破壊しようとしました。そのために大日本帝国憲法（明治憲法）に代えて日本国憲法を押しつけ、教育改革と称してまず学制改革を実施させ旧教育基本法を押し付けそして教育勅語を廃止させたのでした。さらには皇室にまで手を伸ばし、11宮家51名の皇籍離脱を余儀なくさせて、やがて皇統の存続が危機に陥るように企てたのです。並行して公職追放によって各界の指導者の入れ替えを行いました。その結果、新聞、ラジオなどのメディア、教育界そして各学界も西洋近代思想つまりユダヤ思想（理神論）に染め上げられてしまったのです。わが国の「戦後レジーム」とは、戦後ＧＨＱがわが国に押し付けたこういった体制、つまり汎神論のお国柄を捨てさせて理神論の国へと国柄を変えさせようとする体制のことを指します。戦後72年を経た今日もこの戦後レジームは占領利得享受者たちによって頑強に守られています。平成29年現在取り沙汰されている加計《かけ》学園問題というのも、岩盤規制で既得権益を守ってきた勢力（つまりメディア業界、教育界、各学界、省庁など）が、一丸となって安倍政権を攻撃して権益を守ろう、GHQに押し付けられた日本国憲法を死守しようとしているだけの話なのです。インターネットで真実を知った多くの若者たちはとっくにそのことに気づいています。また、平成28年の熊本地震やその5年前の東日本大震災のときの被災者の方たちの対応や行動が、あのような厳しい状況下にあっても冷静沈着で互いへの思いやりに満ちたものであった為に、全世界を驚かせました。このことは、日本の庶民が自然も人間も共に「神の子供」であり神の一部であるという、汎神論の世界観を捨ててはいないことを明確に示しています。

ガリレオ・ガリレイ、ヨハネス・ケプラー、ブレーズ・パスカル、アイザック・ニュートンらによって完成された古典力学（ニュートン力学）は、絶対空間、絶対時間という絶対的背景をもち、すべての物質が重力という遠隔作用によって結びついた汎神論的世界を示していました。ところが17世紀後半からヨーロッパに啓蒙思想の形でユダヤ思想（理神論）が広まりだし、ユダヤ人が仕掛けたフランス革命が始まると、やがて啓蒙思想によって汎神論は否定されてしまうことになります。ラプラスは、ニュートン力学を決定論的（つまり理神論的）に解釈することによって、あろうことか汎神論の神様に暇を出してしまったのです。20世紀になりアインシュタインの特殊相対性理論によって汎神論の神様はとうとうこの世界から追放されてしまいました。しかし「ラプラスの魔」が存在し得ないこと、特殊相対性理論が間違っていることより理神論が成り立たないことは明らかです。さらに量子力学では客観的実在など存在しないこと、量子もつれという遠隔作用が存在することが明らかになっておりこの世界は汎神論の世界であることが示されています。その上現在では、物理学が明らかにしているのはこの宇宙の5％を占めるに過ぎない通常物質についてだけであることがわかっています。全体の95％を占めるダークエネルギーとダークマターは人間には感知できないオカルトなのです。つまり宇宙とは一つらなりのエネルギーであり、その23％がダークマターに転化し5％が通常物質に転化しているのです。宇宙全体が神であり、その内5％の通常物質の世界がこゝの世なのです。

引用文献

革島定雄『世界は神秘に満ちている』東京図書出版
日下公人／馬渕睦夫『ようやく「日本の世紀」がやってきた』ワック
アイザック・ニュートン「プリンキピア　自然哲学の数学的諸原理」河辺六男新訳『世界の名著26 ニュートン』中央公論社
ジャヤントV・ナーリカー『重力』中村孔一訳　日経サイエンス社
A・D・バイエルヘン『ヒトラー政権と科学者たち』常石敬一訳　岩波現代選書
内井惣七「量子重力と哲学」『現代思想』vol. 35–16　2007年12月　青土社
M・ボジョワルド「量子重力が予言するビッグバウンス宇宙」棚橋典大／白水徹也訳『日経サイエンス　2009年1月号』日経サイエンス社
佐藤文隆「量子力学の身分」『現代思想』vol. 35–16　2007年12月　青土社
前田嘉則「相対主義の陥穽にはまりきった者たちへ」月刊『正論』平成26年9月号
「宇宙を支配する法則は何か?」『モーガン・フリーマン　時空を超えて』NHKEテレ　2017年4月27日放送
西鋭夫「占領政策の真実　1–5」『夕刊フジ』平成29年7月4–9日
田中英道『戦後日本を狂わせたOSS「日本計画」——二段階革命理論と憲法』展転社

渡部昇一／馬渕睦夫「『ユダヤ人　なぜ、摩擦が生まれるのか』のどこが禁書《タブー》か」月刊『ＷｉＬＬ』２０１６年12月号
ヒレア・ベロック『ユダヤ人　なぜ、摩擦が生まれるのか』中山理訳　渡部昇一監修　祥伝社
ユースタス・マリンズ『真のユダヤ史』天童竺丸訳・解説　成甲書房
マービン・トケイヤー「日本人とユダヤ人の絆」高山三平訳　月刊『ＷｉＬＬ』２０１７年８月号
太田龍『猶太《ユダヤ》国際秘密力』雷韻出版
ヘンリー・Ｓ・ストークス『英国人記者が見た　連合国戦勝史観の虚妄』祥伝社新書
阿比留瑠比「阿比留瑠比の極言御免　改憲を恐れ、ひるみ、印象操作か」『産経新聞』平成29年7月28日朝刊
西田幾多郎「世界新秩序の原理」青空文庫

革島　定雄（かわしま　さだお）

1949年大阪生まれ。医師。京都の洛星中高等学校に学ぶ。1974年京都大学医学部を卒業し第一外科学教室に入局。1984年同大学院博士課程単位取得。1988年革島病院副院長となり現在に至る。

【著書】
『素人だからこそ解る　「相対論」の間違い「集合論」の間違い』（東京図書出版）
『理神論の終焉 ──「エントロピー」のまぼろし』（東京図書出版）
『汎神論が世界を救う ── 近代を超えて』（東京図書出版）
『死後の世界は存在する』（東京図書出版）
『重力波捏造　理神論最後のあがき』（東京図書出版）
『世界は神秘に満ちている ── だが社会は欺瞞に満ちている』（東京図書出版）

西洋近代思想の呪縛を解く
――「戦後レジーム」からの脱却を

2018年1月28日　初版第1刷発行

著　者　革島定雄
発行者　中田典昭
発行所　東京図書出版
発売元　株式会社 リフレ出版
〒113-0021　東京都文京区本駒込 3-10-4
電話 (03)3823-9171　FAX 0120-41-8080
印　刷　株式会社 ブレイン

ISBN978-4-86641-113-2 C0040
Printed in Japan 2018
落丁・乱丁はお取替えいたします。

ご意見、ご感想をお寄せ下さい。

［宛先］〒113-0021　東京都文京区本駒込 3-10-4
東京図書出版